水利工程建设与水资源优化

高 伟 贾亚平 张 涛 主编

汕頭大學出版社

图书在版编目（CIP）数据

水利工程建设与水资源优化 / 高伟，贾亚平，张涛
主编 . -- 汕头：汕头大学出版社，2024. 5. -- ISBN
978-7-5658-5310-4

Ⅰ . TV

中国国家版本馆 CIP 数据核字第 2024GG4296 号

水利工程建设与水资源优化
SHUILI GONGCHENG JIANSHE YU SHUIZIYUAN YOUHUA

主　　编：高　伟　贾亚平　张　涛
责任编辑：黄洁玲
责任技编：黄东生
封面设计：周书意
出版发行：汕头大学出版社
　　　　　广东省汕头市大学路 243 号汕头大学校园内　邮政编码：515063
电　　话：0754-82904613
印　　刷：廊坊市海涛印刷有限公司
开　　本：710mm×1000mm　1/16
印　　张：10.5
字　　数：180 千字
版　　次：2024 年 5 月第 1 版
印　　次：2024 年 7 月第 1 次印刷
定　　价：58.00 元
ISBN 978-7-5658-5310-4

编委会

前　言

　　水利工程是改造大自然并充分利用自然资源为人类造福的工程。在当前的市场竞争环境中，大幅提升企业项目管理水平，降低施工成本，提高施工技术水平，是水利水电施工单位立足国内市场、开拓国际市场的关键所在。施工单位的管理水平直接决定着发展潜力，影响着水利工程建设与水利工程管理的质量，因此，水利工程建设与水利工程管理就必然成为建设管理的重要环节。

　　自21世纪以来，随着经济的不断发展和科技的不断进步，我国的水利工程迎来了建设的高潮。但是水利工程受自然环境影响大，多分布在交通不便的偏远山区，远离后方基地，建筑材料的运输成本比较高，工程量大，技术工种多，施工强度高，水上、水下和高空作业多，这些因素的存在，要求必须加强水利工程的管理，只有这样才能取得整体的经济效益。水利工程建设与水利工程管理包括水利工程质量管理、安全管理、成本管理和进度管理等内容，只有严格控制工程管理的各个组成部分，才能实现对水利工程整体的优化管理，以取得良好的经济效益。

　　水资源优化配置是实现水资源可持续利用和人类社会协调发展的重要措施，水资源与社会经济的协调发展程度是客观科学地制订区域国民经济发展规划和水资源规划配置方案的基础，水资源承载能力的大小是影响社会经济发展速度和规模的重要因素，水资源的可持续承载是保障社会经济可持续发展的前提，水资源承载能力与优化配置之间存在互逆关系和互动关系。因此，研究水资源与社会经济的协调发展，探讨区域水资源承载能力，进一步进行区域水资源优化配置分析，提出水资源可持续利用和经济社会协调发展对策，具有重要的理论意义和实践意义。

　　本书围绕"水利工程建设与水资源优化"这一主题，以水利工程建设项目管理为切入点，由浅入深地阐述水利工程组成与规划、水利工程施工建设，并系统地分析了水资源优化配置基本知识、水资源优化配置与调度的理论与技术、水资源优化配置与调度的量化分析等内容，以期帮助读者理解与践行水利工程建设与水资源优化。本书内容翔实、条理清晰、逻辑合理，兼具理论性与实践性，适用于从事相关工作与研究的专业人员。

由于笔者水平有限，书中难免存在不妥之处，恳请大家批评指正。

目　录

第一章 水利工程建设项目管理

第一节 建设项目

一、建设项目的概念

(一) 项目的含义及特性

项目是指在一定的约束条件下，具有特定的明确目标的一次性事业 (或活动)。

项目所表示的事业或活动十分广泛，如技术更新改造项目、新产品开发项目、科研项目等。在工程领域，项目一般专指工程建设项目，如修建一座水电站、一栋大楼、一条公路等具有质量、工期和投资目标要求的一次性工程建设活动。

根据项目的内涵，项目一般具有如下特征。

1. 项目的目标性

任何一个项目，不论是大型项目、中型项目，还是小型项目，都必须有明确的特定目标。如工程建设项目的功能要求，即项目提供或增加一定的生产能力，或形成具有特定使用价值的固定资产和创造的效益。例如，修建一座水电站，其目标表现为形成一定的建设规模，建成后应具有发电供电能力，发挥社会、经济效益等。

2. 项目的一次性和单件性

所谓一次性，是指项目实施过程的一次性，它区别于周而复始的重复性活动。一个项目完成后，不会再安排实施与之具有完全相同开发目的、条件和最终成果的项目。项目作为一次性事业，其成果具有明显的单件性。它不同于现代工业化的大批量生产。因此，作为项目的决策者与管理者，只有认识到项目的一次性和单件性的特点，才能有针对性地根据项目的具体情况和条件，采取科学的管理方法和手段，实现预期目标。

3. 项目受人力、物力、时间及其他条件的制约性

任何项目的实施，均受到相关条件的制约。就一个工程建设项目而言，都有开工、竣工时间要求的限制，有劳动力、资金和其他物资供应的制约，以及受所在国家的法律、工程建设所在地的自然、社会环境等的影响。

(二) 建设项目的概念

建设项目 (基本建设项目)，是指按照一个总体设计进行施工，由若干个具有内在联系的单项工程组成，经济上实行统一核算，组织上实行统一管理的基本建设单位。

基本建设即固定资产的建设，包括建筑、安装和购置固定资产的活动及与之相关的工作。根据不同管理需要，项目划分的方式有所不同，按照规定，大、中型水利水电工程划分为单位工程、分部工程、单元工程三级。

(三) 建设项目的特殊性

建设项目与其他项目相比，具有自己的特殊性。建设项目的特殊性主要从它的成果——建设产品和它的活动过程——工程建设这两方面来体现。主要体现在下列方面：

1. 建设产品的特殊性

(1) 总体性。

建设产品的总体性表现：①它是由许多材料、半成品和成品经加工装配而组成的综合物；②它是由许多个人和单位分工协作、共同劳动的总成果；③它是由许多具有不同功能的建筑物有机结合成的完整体系。例如，一座水电站，它是由大坝、水轮发电机组等组成的；参与工程建设的单位除项目法人外，还有设计单位、施工单位、设备材料生产供应单位、咨询单位、监理单位等；整个工程不仅要有发电、输变电系统，而且要有水库、引水系统、泄水系统等有关建筑物。另外，还要有相应的生活、后勤服务设施。

(2) 固定性。

一般的工农业产品可以流动，消费使用空间不受限制。而建设产品只能固定在建设场址使用，不能移动。

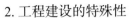

2. 工程建设的特殊性

(1) 生产的周期长。

由于建设产品体型庞大，工程量巨大，建设期间要耗用大量的资源，加之建设产品的生产环境复杂多变，受自然条件影响大，所以，其建设周期长，通常需要几年至十几年。一方面，在如此长的建设周期中，不能提供完整产品，不能发挥完全效益，造成了大量人力、物力和资金的长期占用；另一方面，由于建设周期长，受社会与经济、自然等因素影响大。

(2) 建设过程的连续性和协作性。

工程建设的各阶段、各环节、各协作单位及各项工作，必须按照统一的建设计划有机地组织起来，在时间上不间断，在空间上不脱节，使建设工作有条不紊地顺利进行。如果某个环节的工作遭到破坏和中断，就会导致该工作停工，甚至波及其他工作，造成人力、物力、财力的积压，并可能导致工期拖延，不能按时投产使用。

(3) 施工的流动性。

这是由建设产品的固定性决定的。建设产品只能固定在使用地点，那么施工人员及机械就必然要随建设对象的不同而经常流动转移。一个项目建成后，建设者和施工机械就得转移到下一个项目的工地上去。

(4) 受自然和社会条件的制约性强。

一方面，由于建设产品的固定性，工程施工多为露天作业；另一方面，在建设过程中，需要投入大量的人力和物资。因此，工程建设受地形、地质、水文、气象等自然因素以及材料、水电、交通、生活等社会条件的影响很大。

二、建设项目的分类

为了管理和统计分析的需要，建设项目可从不同角度进行分类。根据水利行业特点和建设项目不同的社会效益、经济效益和市场需求等情况，将建设项目划分为生产经营性、有偿服务性和社会公益性三类项目。

生产经营性项目包括城镇、乡镇供水和水电项目。这类项目要按社会主义市场经济的需求，以受益地区或部门为投资主体，使用资金以贷款、债券和自筹等各项资金为主。国家在贷款和发行债券方面通过政策性银行给予相应的优惠政策。

有偿服务性项目包括灌溉、水运、机电排灌等工程。这类项目应以地方政府和受益部门、集体和农户为投资主体，使用资金以部分拨款、拨改贷（低息）、贴息贷款和农业开发基金有偿部分为主。大型重点工程也可争取利用外资。

社会公益性项目包括防洪、防潮、治涝、水土保持等工程项目。这类工程应以国家（包括中央和地方）为投资主体，使用资金以财政拨款（包括国家预算内投资、国家农发基金、以工代赈等无偿使用资金）为主。对有条件的经济发达地区亦可使用有偿资金和贷款进行建设。

三、水利工程建设程序

建设程序是指由行政性法规、规章所规定的、进行基本建设所必须遵循的阶段及其先后顺序。这是人们在认识客观规律，科学地总结了建设工作的实践经验的基础上，结合经济管理体制制定的。它反映了项目建设所固有的客观规律和经济规律，体现了现行建设管理体制的特点，是建设项目科学决策和顺利进行的重要保证。国家通过制定有关法规，把整个基本建设过程划分为若干个阶段，规定每一阶段的工作内容、原则以及审批权限，既是基本建设应遵循的准则，也是国家对基本建设进行监督管理的手段之一。它是国家计划管理、宏观资源配置的需要，是主管部门对项目各阶段监督管理的需要。

水利部《水利工程建设项目管理规定（试行）》（水建〔1995〕128号，2016年修正）文件规定，水利工程建设程序一般分为：项目建议书、可行性研究报告、初步设计、施工准备（包括招标设计）、建设实施、生产准备、竣工验收、后评价等阶段。

在水利工程项目建设程序中，通常将项目建议书、可行性研究和初步设计作为一个大阶段，称为项目建设前期阶段或项目决策阶段，初步设计以后作为另一大阶段，称为项目实施阶段，最后是生产阶段。

（一）项目建议书

项目建议书是要求建设某一具体工程项目的建议文件，是基本建设程序中最初阶段的工作，是投资决策前对拟建项目的轮廓设想。项目建议书应

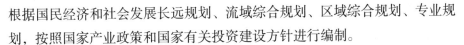

根据国民经济和社会发展长远规划、流域综合规划、区域综合规划、专业规划，按照国家产业政策和国家有关投资建设方针进行编制。

水利工程的项目建议书按照《水利水电工程项目建议书编制规程》(SL/T 617-2021)进行编制。项目建议书编制一般由政府委托有相应资格的设计单位承担，并按国家现行规定权限向主管部门申报审批。编制完成后，按照建设总规模和限额的划分审批权限报批。

(二) 可行性研究报告

可行性研究在批准的项目建议书基础上进行，应对项目方案进行比较，按技术上是否可行和经济上是否合理进行科学分析和论证。我国从 20 世纪 80 年代初将可行性研究正式纳入基本建设程序，规定大中型项目、利用外资项目、引进技术和设备进口项目都要进行可行性研究，其他项目有条件的也要进行可行性研究。

编制可行性研究报告应以批准的项目建议书为依据，按照《水利水电工程可行性研究报告编制规程》(SL/T 618-2021)编制，承担可行性研究工作的单位应是经过资格审定的规划、设计或工程咨询单位。

申报项目可行性研究报告，必须同时提出项目法人组建方案及运行机制、资金筹措方案、资金结构及回收资金的办法，并依照有关规定附具有管辖权的水利行政主管部门或流域机构签署的规划同意书、对取水许可预申请的书面审查意见。

可行性研究报告经批准后，不得随意修改和变更，在主要内容上有重要变动，应经原批准机关复审同意。经批准的可行性研究报告，是项目决策和进行初步设计的依据。

项目可行性报告批准后，应正式成立项目法人，并按项目法人责任制实行项目管理。

(三) 初步设计

设计是对拟建工程的实施在技术上和经济上所进行的全面而详细的安排，是基本建设计划的具体化，是整个工程的决定环节，是组织施工的依据。它直接关系着工程质量和将来的使用效果。

根据建设项目的不同情况，设计过程一般划分为两个阶段，即初步设计和施工图设计。重大项目和技术复杂项目，可根据不同行业的特点和需要，增加技术设计阶段。从水利工程项目建设程序角度讲，初步设计是建设程序的一个阶段，技术设计一般属于施工准备阶段的工作，施工图设计在项目建设实施阶段进行。

初步设计文件报批前，一般需由项目法人委托有相应资格的工程咨询机构或组织行业各方面(包括管理、设计、施工、咨询等方面)的专家，对初步设计进行补充、修改、优化。初步设计由项目法人组织审查后，按国家现行规定权限向主管部门申报审批。

(四) 施工准备

项目可行性研究报告已经批准，年度水利投资计划下达后，项目法人即可开展施工准备工作，其主要内容包括：

(1) 施工现场的征地、拆迁；

(2) 完成施工用水、电、通信、路和场地平整等工程；

(3) 必需的生产、生活临时建筑工程；

(4) 实施经批准的应急工程、试验工程等专项工程；

(5) 组织招标设计、咨询、设备和物资采购等服务；

(6) 组织相关监理招标，组织主体工程招标准备工作。

(五) 建设实施

建设实施阶段是指主体工程的建设实施。建设项目经批准开工后，按照"政府监督、项目法人负责、社会监理、企业保证"的要求，建立健全质量管理体系。项目法人按照批准的建设文件，发挥项目管理的主导地位，组织工程建设，协调有关建设各方的关系和建设外部环境。保证项目建设目标的实现；参与项目建设的各方，依照项目法人与设计、监理、工程承包单位以及材料与设备采购等有关各方签订的合同，行使各方的合同权利，并严格履行各自的合同义务；对于重要建设项目，须设立质量监督项目站，行使政府对项目建设的监督职能。

(六) 生产准备

生产准备是为使建设项目顺利投产运行在投产前所要进行的一项重要工作，是建设阶段转入生产经营的必要条件。根据建设项目或主要单项工程的生产技术特点，项目法人应按照建管结合和项目法人责任制的要求，适时做好有关生产准备工作。主要内容包括：生产组织准备、招收和培训人员、生产技术准备、生产物资准备、正常的生活福利设施准备。

(七) 竣工验收

竣工验收是工程完成建设目标的标志，是全面考核基本建设成果、检验设计和工程质量的重要步骤。竣工验收合格的项目即从基本建设转入生产或使用。

(八) 后评价

项目后评价是固定资产投资管理工作的一个重要内容。在项目建成投产后 (一般经过 1—2 年生产运营后)，要进行一次系统的项目后评价。

项目后评价的主要内容包括：①影响评价；②经济效益评价；③过程评价。

项目后评价一般按 3 个层次组织实施，即项目法人的自我评价、项目行业的评价、计划部门 (或主要投资方) 的评价。

第二节　建设项目管理

一、建设项目管理的概念

建设项目管理是指在建设项目生命周期内所进行的有效的计划、组织、协调、控制等管理活动，其目的是在一定的约束条件下最优地实现项目建设的预定目标。

建设项目管理的内容十分广泛，即通过一定的组织形式，采取各种措施、方法，对投资建设的工程项目的所有工作，包括从项目建议书、可行性研究、项目的决策、设计、施工、设备询价、竣工验收等系统的过程，进行计划、组织、协调、控制，以达到保证建设项目的质量、缩短建设工期、提高投资效益的目的。

建设项目管理者应当是建设活动的所有参与组织，包括项目法人、设计单位、监理单位、施工单位等。在一般情况下，由项目法人进行建设项目的全过程管理，即从项目立项直至项目竣工验收的全过程。由项目法人委托监理单位开展的项目管理称为建设监理。由设计单位进行的项目管理，一般限于设计阶段，我们把它称为设计项目管理。由施工单位进行的项目管理限于施工阶段，我们把它称为施工项目管理。

二、建设项目管理的基本职能

管理的职能是指管理者在管理过程中所从事的工作。有关管理职能的划分目前还不够统一，如"计划、组织、协调、控制"，"计划、组织、指挥、协调和控制"，"计划、组织和控制"，"计划、组织、指挥、协调、控制、人事和通信联系"，"计划、组织、控制和激励"等不同划分。从项目管理的特点出发，项目管理的基本职能一般包括以下四种职能。

（一）计划职能

计划是全部管理职能中最基本的一个职能，也是管理各职能中的首要职能。项目的计划管理，就是把项目目标、全过程和全部活动纳入计划轨道，用一个动态的计划系统来协调控制整个项目的进程，随时发现问题，解决问题，使建设项目协调有序地达到预期的目标，即质量目标、工期目标和投资目标。

（二）组织职能

组织是项目建设计划和目标得以实现的基本保证。管理的组织职能包括两方面：其一是组织的结构，即根据项目的管理目标和内容，通过项目各有关部门的分工与协作、权力与责任，建立项目实施的组织结构；其二是组织行为，通过制度、秩序、纪律、指挥、协调、公平、利益与报酬、奖励与惩罚等组织职能，建制团结与和谐的团队精神，充分发挥个人与集体的能动

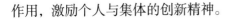

作用，激励个人与集体的创新精神。

(三) 协调职能

项目的不同阶段、不同部门、不同层次之间存在大量的结合部，这些结合部之间的协商与沟通是项目的重要职能。协调的前提在于不同阶段、部门或层次之间存在利益联系与利益冲突，协调的依据是国家有关工程建设的法律、法规、规章，建设项目的批准文件和设计文件以及规定这种不同主体之间利益联系的合同，协调的目的是正确处理项目建设过程中总目标与阶段目标、全局利益与局部利益之间的关系，保证项目建设的顺利进行。

(四) 控制职能

在项目建设过程中，通过计划、决策、反馈、调整对项目实行有效的控制，是项目管理的重要职能。项目控制的方式一般是通过对项目进行目标的分解，确定阶段性控制性目标和子目标，在项目计划实施过程中，通过预测、预控和检查、监督项目目标的实现情况，并将其与计划目标值对比。若实际与计划目标之间出现偏差，则应分析其产生的原因，及时采取措施纠正偏差，力争使实际执行情况与计划目标值之间的差距减小到最低限度，确保项目目标的圆满实现。建设项目的主要控制目标一般包括质量控制、工期控制和投资控制。

三、建设项目管理体制

改革开放以来，我国在基本建设领域进行了一系列的改革，通过推行项目法人责任制、招标投标制、建设监理制三项制度改革，形成了以国家宏观监督调控为指导、项目法人责任制为核心、招标投标制和建设监理制为服务体系的建设项目管理体制基本格局。出现了以项目法人为主体的工程招标发包体系，以设计、施工和材料设备供应为主体的投标承包体系，以及建设监理单位为主体的技术服务体系等市场三元主体。三者之间以经济为纽带，以合同为依据，相互监督、相互制约，形成建设项目组织管理体制的新模式。

（一）项目法人责任制

中华人民共和国成立后的几十年，由于我国长期实行计划经济，建设项目的投资和决策主体都是国家或地方政府，建设项目的任务用行政手段分配，投资靠国家拨款，其投资建设的责任主体不具体。改革开放以后，随着我国社会主义市场经济体制的深入，工程项目的建设也纳入了市场经济的轨道，项目投资体制发生了重大变化，出现了多元化的投资格局，项目投资者由过去单一的国家或地方政府为主，变成了国家（中央）、地方政府、企业、个人、外商和其他法人团体的多种形式。

实行项目法人责任制，是适应发展社会主义市场经济，转换项目建设与经营体制，提高投资效益，实现我国建设管理模式与国际接轨，在项目建设与经营全过程中应用现代企业制度进行管理的一项具有战略意义的重大举措。实行项目法人责任制的目的，是要使各类投资主体形成自我发展、自主决策、自担风险和讲求效益的建设和运营机制，使各类投资主体成为从项目建设到生产经营均独立享有民事权利和承担民事义务的法人。

1.实行项目法人责任制范围

《水利工程建设项目管理规定（试行）》（水建〔1995〕128号，2016年修正）规定对生产经营性的水利工程建设项目要积极推行项目法人责任制；其他类型的项目应积极创造条件，逐步实行项目法人责任制。

2.项目法人设立

国家计委颁发的《关于实行建设项目法人责任制的暂行规定》文件规定：国有单位经营性基本建设大中型项目在建设阶段必须组建项目法人。

新上项目在项目建议书被批准后，应及时组建项目法人筹备组，具体负责项目法人的筹建工作。项目法人筹备组应主要由项目的投资方派代表组成。有关单位在申报项目可行性研究报告时，需同时提出项目法人的组建方案，在项目可行性研究报告经批准后，正式成立项目法人。

水利工程建设项目根据作用和受益范围划分为中央项目和地方项目。中央项目由水利部（或流域机构）负责组织建设并承担相应责任，地方项目由地方人民政府组织建设并承担相应责任。项目的类别在审批项目建议书或可行性研究报告时确定。中央项目由水利部（或流域机构）负责组建项目法人，任命法人代表。地方项目由项目所在地的县级以上地方人民政府组建项目法人，任命法人代表，其中总投资在亿元以上的地方大型水利工程项目，由项目所在地的省（自治区、直辖市及计划单列市）人民政府负责或委托组建项目法人，任命人民代表。

由原有企业负责建设的基建大中型项目，需新设立子公司的，要重新设立项目法人，并按上述规定的程序办理；只设分公司或分厂的，原企业法人即是项目法人。对这类项目，原企业法人应向分公司或分厂派遣专职管理人员，并实行专项考核。

3. 项目法人职责

项目法人的主要职责为：

(1) 负责组建项目法人在现场的建设管理机构。

(2) 负责落实工程建设计划和资金。

(3) 负责对工程质量、进度、资金等进行管理、检查和监督。

(4) 负责协调项目的外部关系。

项目法人应当按照《合同法》和《建设工程质量管理条例》的有关规定，与勘察设计单位、施工单位、工程监理单位签订合同，并明确项目法人、勘察设计单位、施工单位、工程监理单位质量终身责任人及其所负的责任。

(二) 招标投标制

招标是商品经济高度发展的产物。商品经济的发展，带来了大宗商品交易，交易市场的竞争便产生了招标采购方式。招标是最富有竞争性的采购方式。招标采购能给招标者带来最佳的经济利益。在世界市场经济体制的国家和世界银行、亚洲开发银行、欧盟等国际组织的采购中，招标采购已成为一项事业，不断发展和完善，现在已经形成一套较成熟的可供借鉴的管理制度。

水利部2001年10月发布了《水利工程建设项目招标投标管理规定》(水利部令第14号)，2022年9月对相关条款进行了调整。该规定明确了水利工程项目必须招标的具体范围和规模标准：

(1) 具体范围：

①关系社会公共利益、公共安全的防洪、排涝、灌溉、水力发电、引

(供) 水、滩涂治理、水土保持、水资源保护等水利工程建设项目；

②使用国有资金投资或者国家融资的水利工程建设项目；

③使用国际组织或者外国政府贷款、援助资金的水利工程建设项目。

（2）规模标准：

①施工单项合同估算价在 200 万元人民币以上的；

②重要设备、材料等货物的采购，单项合同估算价在 100 万元人民币以上的；

③勘察设计、监理等服务的采购，单项合同估算价在 50 万元人民币以上的；

④项目总投资额在 3000 万元人民币以上，但分标单项合同估算价低于本项第 1、2、3 目规定的标准的项目原则上都必须招标。

招标投标制是市场经济体制下建设市场买卖双方的一种主要的竞争性交易方式。我国在工程建设领域推行招标投标制，是为了适应社会主义市场经济的需要，在建设领域引进竞争机制，形成公开、公正、公平和诚实信用的市场交易方式，择优选择承包单位，促使设计、施工、材料设备生产供应等企业不断提高技术和管理水平，以确保建设项目质量和建设工期，提高投资效益。

（三）建设监理制

2014 年 10 月水利部颁发了《水利工程施工监理规范》（SL 288-2014）。建设监理制是我国建设项目组织管理的新模式，是以专门从事工程建设管理服务的建设监理单位，受项目法人的委托，对工程建设实施的管理。我国的建设监理制度，是为了适应我国社会主义市场经济的发展，改革旧的建设项目管理体制，以提高建设管理水平和投资效益，结合我国国情，借鉴国际工程项目管理先进经验与模式，而建立的有中国特色的一种新的建设项目管理制度。

目前，在水利水电建设中，招标投标制在施工与设备采购方面已全面推行，建设监理制也已经历了试点阶段而进入全面推行阶段，项目法人责任制已有良好的开端并迅速全面发展。实践证明，三项建设管理制度改革措施的实行，必将并已经进一步提高我国建设管理水平，促进我国水利水电建设事业的发展。

第三节　水利工程建设监理制度

一、建设监理的概念

建设监理是指具有相应资质的监理单位受工程建设项目法人的委托，依据国家有关工程建设的法律、法规，以及经建设主管部门批准的工程项目建设文件、建设工程监理合同和建设工程合同，对工程建设实施的专业化管理。

建设监理活动的实现，应当有明确的执行者，即监理组织；应当有明确的行为准则，它是监理的工作依据；应当有明确的被监理行为和被监理的"行为主体"，它是监理的对象；应当有明确的监理目标和行之有效的监理方法与手段。

二、建设监理的特点

(一) 建设监理是针对工程建设所实施的监督管理活动

建设监理活动是围绕工程项目来进行的，其对象为新建、改建和扩建的各种工程项目。这里所说的工程项目实际上是指建设项目。建设监理是直接为建设项目提供管理服务的行业，监理单位是受项目法人委托为建设项目提供管理服务的主体。

(二) 建设监理的行为主体是监理单位

建设监理的行为主体是监理单位。监理单位是具有独立法人资格，并依法取得建设监理单位资质证书专门从事工程建设监理的社会中介组织。只有监理单位才能按照独立、自主的原则，以"公正的第三方"的身份开展工程建设监理活动。非监理单位所进行的监督管理活动一律不能称为工程建设监理。例如，政府有关部门所实施的监督管理活动就不属于工程建设监理范畴；项目法人进行的所谓"自行监理"，以及不具备监理单位资格的其他单位所进行的所谓"监理"都不能纳入工程建设监理范畴。

项目法人能否"监理"？在市场经济条件下，项目法人作为建设项目管理主体，其应当拥有监督管理权。也就是说，项目法人实施自行管理并非不可以。但是，自行管理既不是社会化、专业化的监督管理活动，也不是"第三方"的监督管理活动，因此，不能称之为建设监理。

(三) 建设监理被监理的对象涉及多方面

建设监理的对象是与项目法人签订工程建设合同的设计、施工或设备材料生产供应单位。监理单位与设计、施工或设备材料生产供应单位的关系不是合同关系，它们之间不得签订任何合同或协议。它们之间的关系只是工程建设中监理和被监理的关系，项目法人通过与承包人签订的工程建设合同确立了这种关系。建设工程合同中明确地赋予了监理单位监督管理的权力，监理单位依照国家和部门颁发的有关法律、法规、技术标准，以及批准的建设计划、设计文件，签订的工程建设合同等进行监理。承包人在执行施工承包合同的过程中，必须接受监理单位的合法监理，并为监理工作的开展提供合作与方便，随时接受监理单位的监督和管理。监理单位应按照项目法人所委托的权限，并在这个权限的范围内检查承包人是否履行合同的义务，是否按合同规定的技术要求、质量要求、进度要求和费用要求进行施工建设。监理单位也要注意维护承包单位的合法利益，正确而公正地处理好款项支付、验收签证、索赔和工程变更等合同问题。

(四) 建设监理的实施需要项目法人委托和授权

建设监理的产生源于市场经济条件下社会的需求，始于项目法人的委托和授权，而建设监理发展成为一项制度，是根据这样的客观实际做出如此规定的。通过项目法人委托和授权方式来实施工程建设监理，是工程建设监理与政府对工程建设所进行的行政性监督管理的重要区别。这种方式也决定了在实施工程建设监理的项目中，项目法人与监理单位的关系是委托与被委托、授权与被授权的关系；决定了它们之间是合同关系，是需求与供给关系，是一种委托与服务的关系。这种委托和授权方式说明，在实施建设监理的过程中，监理单位的权力主要是由作为建设项目管理主体的项目法人通过

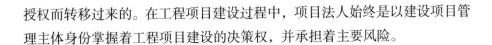

授权而转移过来的。在工程项目建设过程中，项目法人始终是以建设项目管理主体身份掌握着工程项目建设的决策权，并承担着主要风险。

(五) 建设监理是有明确依据的工程建设行为

建设监理是严格地按照有关法律、法规和其他有关准则实施的。工程建设监理的依据是国家批准的工程项目建设文件、有关工程建设的法律和法规、建设监理合同和其他工程建设合同。例如：设计文件，工程建设方面的现行规范、标准、规程，由各级立法机关和政府部门颁发的有关法律和法规，依法成立的工程建设监理合同、工程勘察合同、工程设计合同、工程施工合同、材料和设备供应合同等。特别应当说明，各类工程建设合同、监理合同是工程建设监理的最直接依据。

(六) 建设监理是社会和微观性质的监督管理活动

建设监理是社会性的微观性质的监督管理活动，这一点与由政府进行的行政性监督管理活动有着明显的区别。建设监理活动是针对一个具体的工程项目展开的。项目法人委托监理的目的就是期望监理单位能够协助其实现项目投资目的。它是紧紧围绕着工程项目建设的各项投资活动和生产活动所进行的监督管理。它注重具体工程项目的实际效益。当然，根据建设监理制的宗旨，在开展这些活动的过程中应维护社会公众利益和国家利益。

(七) 建设监理与政府质量监督是有区别的

政府质量监督是政府的宏观执法监督行为，而建设监理是社会服务性的微观现场监督管理工作。概括起来，存在下列差别。

首先，从性质上看，政府质量监督机构是代表政府，从保障社会公共利益和国家法规执行的角度对工程质量进行第三方认证，其工作体现了政府对建设项目管理的职能。而社会监理单位则是受项目法人委托，从维护合同规定的建设意图、保证质量目标实现的角度对工程质量进行第三方控制，其工作体现了项目法人对建设项目管理的职能。此外，政府质量监督机构是执法机构，其工作具有强制性，任何行政管辖范围内的建设项目必须接受监督；而社会监理单位则是服务性机构，项目法人委托哪个监理单位从事监理、监理工程范围、监理内容、授权大小等都最终体现了项目法人的意图。

其次，从工作范围和深度方面看，政府质量监督机构的工作是工程质量的抽查和等级认定，因而其工作内容主要限于对设计、施工承包队伍的资质审查，开工条件审查，施工中对重要质量因素和关键部位进行控制，参与工程质量事故处理和竣工后工程质量等级的检验、认证等。社会监理单位的工作范围，除保证质量目标的实现外，其工作要深入具体得多，它包括审查设计文件及设计变更，原材料、设备和构配件质量检测，施工半成品检验，隐蔽工程和工程阶段产品的质量与数量检验，签发付款凭证，组织质量安全事故分析处理及其责任判别，调解有关质量纠纷。因此，监理单位的工作方式，不能像政府质量监督机构那样以抽查为主，而必须不间断地跟踪监控。

再次，从工作依据看，政府质量监督机构主要是依据国家方针、政策、法律、法规、技术标准与规范、规程等开展监理工作的，而社会监理除依据上述法律、法规和规章外，更要具体地以设计文件和监理委托合同、工程承包合同为主要依据。

最后，从工作手段看，政府质量监督主要靠行政手段，包括责令返工、警告、通报、罚款，甚至降低等级等。而建设监理虽有时也采用返工、停工等强制手段，但主要是依靠合同约束的经济手段，包括拒绝进行质量、数量的签证，拒签付款凭证等。

三、建设监理的性质

建设监理与其他工程建设活动有着明显的区别和差异。这些区别和差异使得工程建设监理与其他工程建设活动之间划出了清楚的界线。也正是由于这个原因，建设监理在建设领域中成为我国一种新的独立行业。

工程建设监理具有以下性质。

（一）服务性

建设监理既不同于承包人的直接生产活动，也不同于项目法人的直接投资活动。它既不是工程承包活动，也不是工程发包活动，它不需要投入大量资金、材料、设备、劳动力。监理单位既不向项目法人承包工程造价，也不参与承包单位的盈利分成；它既不需要拥有大量的机具、设备和劳务力

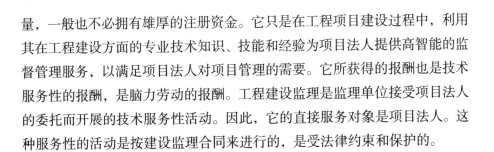

量，一般也不必拥有雄厚的注册资金。它只是在工程项目建设过程中，利用其在工程建设方面的专业技术知识、技能和经验为项目法人提供高智能的监督管理服务，以满足项目法人对项目管理的需要。它所获得的报酬也是技术服务性的报酬，是脑力劳动的报酬。工程建设监理是监理单位接受项目法人的委托而开展的技术服务性活动。因此，它的直接服务对象是项目法人。这种服务性的活动是按建设监理合同来进行的，是受法律约束和保护的。

(二) 独立性

从事工程建设监理活动的监理单位是直接参与工程项目建设的当事人之一。在工程项目建设中，监理单位是独立的一方。我国的有关法规明确指出，监理单位应按照独立、自主的原则开展工程建设监理工作。因此，监理单位在履行监理合同义务和开展监理活动的过程中，要建立自己的组织，要确定自己的工作准则，要运用自己掌握的方法和手段，根据自己的判断，独立地开展工作。监理单位既要认真、勤奋、竭诚地为委托方服务，协助项目法人实现预定目标，也要按照公正、独立、自主的原则开展监理工作。

建设监理的独立性与监理单位是建设市场上的独立主体和独立的行业性质分不开。监理单位是具有独立性、社会化、专业化特点的单位。它们专门为项目法人提供专业化技术服务。它们所运用的思想、理论、方法、手段，开展工作的内容都与工程建设领域其他行业有所不同。同时，由于它在工程建设中的特殊地位以及因此而构成的与其他建设行为主体之间的特殊关系，它与设计、施工、材料和设备供应等行业有着明显的界线。因此，为了保证工程建设监理行业的独立性，从事这一行业的监理单位和监理工程师必须与某些行业或单位脱离人事上的依附关系以及经济上的隶属或经营关系。

(三) 公正性

监理单位和监理工程师在工程建设过程中，应当作为能够严格履行监理合同各项义务，竭诚地为客户服务的"服务方"，同时，应当成为"公正的第三方"。也就是在提供监理服务的过程中，监理单位和监理工程师应当排除各种干扰，以公正的态度对待委托方和被监理方，特别是当项目法人和被监理方发生利益冲突或矛盾时能够以事实为依据，以有关法律、法规和双方所签订的工程建设合同为准绳，站在第三方立场上公正地加以解决和处理，做到"公正地证明、决定或行使自己的处理权"。

公正性是监理行业的必然要求，它是社会公认的职业准则，也是监理单位和监理工程师的基本职业道德准则。因此，我国建设监理制把"公正"作为从事工程建设监理活动应当遵循的重要准则。

(四) 科学性

建设监理的科学性是由其任务所决定的。监理单位必须具有发现和解决工程设计和承建单位所存在的技术与管理方面问题的能力，能够提供高水平的专业服务。而科学性必须以监理人员的高素质为前提，监理工程师都必须具有相当的学历，并有长期从事工程建设工作的丰富实践经验，精通技术与管理，通晓经济与法律。监理单位不拥有一定数量这样的人员，就不能正常开展业务。

第二章　水利工程组成与规划

第一节　防洪治河工程

一、河流系统组成及特征

由于环境因素影响，河流系统是一个自然结构、生态环境和经济社会相互耦合的开放系统，由于水体的流动性，系统与外界不断进行物质和能量的交换以及信息的传递，同时通过系统内各组分之间的协同作用完成系统的自我组织、自我协调。河流从河源至河口构成一个完整的河流系统，它由许多部分构成，各组成部分间通过水流、生物活动等形成了河流系统的复杂结构。河流系统的组成部分既包括物质的，如河岸带、河床、水体、生物、建筑物等；也包括非物质的，如历史、文化。其中，河岸带、河床、水体构成了河流系统的自然结构；生物群落构成了河流系统的生态结构；历史和文化构成了河流系统的文化结构；建筑物构成了河流系统的调节工程。可见，河流系统主要包括自然结构、生态结构、文化结构、调节工程。河流水文循环是河流的时序特征，河流的流速、流量的季节性变化与河流两岸居民、河流两岸工农业生产及河流生物的季节变化节律相匹配，河流水文特征人为改变后的状态和依靠河流而生的生态系统节律不相匹配，直接导致城市生态系统的变化最明显的例子是河流上游水库的兴建，使得河水温度变幅变小，河流流量均化。

二、河床演变及河道整治

受自然界外力因素影响，河流无时无刻不处在发展变化过程之中。在河道上修建各类工程之后，受到建筑物的干扰，河床变化将人为加剧，由于山区河流的发展演变过程十分缓慢，因此，通常所说的河流演变，一般系指近代冲积性平原河流的河床演变。河流是水流与河床相互作用的产物。水流与河床，二者相互制约，互为因果。水流作用于河床，使河床发生变化；河床反作用于水流，影响水流的特性。由因生果，倒果为因，循环往复，变化无穷，这就是河床演变。另外，河床演变是水流与河床不断相互作用的过程，在这一过程中，泥沙运动是纽带。任意河段在特定水流条件下有一定挟沙能力，当上游来沙量与水流挟沙能力互相适应时，水流处于输沙平衡状态，河床保持相对稳定；如上游来沙量与水流挟沙能力不适应，水流输沙不平衡，河床就产生相应冲淤变化，河床变化反过来又会改变水流条件，从而引起水流挟沙能力的变化，变化的趋势是尽量使上游来沙量与水流挟沙能力相适应，使河床保持相对平衡，这一过程称为河流的自动调整作用。按河床演变发展进程，分为在相当长时期内河床单一地朝某一方向发展的单向变形，如有些河流多年来河床一直不断淤积抬高；河床周期性往复发展的复归性变形，如浅滩在枯水期淤积，在洪水期冲刷，如此周期重复演变。此外，还有一些局部变形，河道输沙不平衡是河床演变的根本原因。当上游来沙量大于本河段的水流挟沙力时，水流没有能力把上游来沙全部带走，产生淤积，河床升高。当上游来沙量小于本河段水流的挟沙力时，便产生冲刷，河床下降。在一定条件下，河床发生淤积时，淤积速度逐渐减小，直至淤积停止，河床发生冲刷时，冲刷速度逐渐减低，直至冲刷停止。这种现象是河床与水流共同作用，自动调节河床变化的结果。

随着我国对现代化建设的需求，城镇化和工业化进程逐步加快，社会主义新农村建设的全面推进，基础设施建设的不断增加，社会财富的日益增长，人民生活水平的提高，全面建设小康社会和经济社会发展对防洪安全保障、生态环境保障等提出了愈来愈高的要求。可持续发展观对水利发展也提出了新的要求，水利发展须树立以人为本、节约资源、保护环境和人与自然和谐的观念以及全面、协调、可持续发展的观念，把解决关系广大人民群众切身利益的水利问题放在突出位置，统筹考虑流域、区域、城乡水利协调发展，不断提高政府对水资源的社会管理能力和水平，节约和保护资源，加强对生态的保护，促进人与自然和谐，以水资源的可持续利用支撑全省经济社会的可持续发展。河道整治减少了因水土流失造成的土壤肥力丧失，还可大大改善长期以来由于河流破坏带来的诸多问题，对于保障两岸人民的正常生产和生活起到重要作用。冲滩塌岸现象将大大减少，有利于稳定滩涂、改善滩区的生产生活条件，提高滩区的土地利用价值，使滩区及高岸的居民安居乐业，可以基本保障河两岸的人民安全定居，有利于改善两岸各种大、中、小型提灌站的引水条件，保障两岸灌区和人民生活用水需求。在河道整治后，能够使河道变得干净，河道里的水也就会慢慢变清，环境自然会逐渐好起来，村民们以后的生活品质也会提高，说不定鱼儿成群的景象不久后就会出现。河道的整治工作是一个系统化的工程，河道治理工作人员要根据城镇具体河道的分布特点和走向特点，研究其水文特征，全方位地考虑社会经济、文化、环保方面的因素，让河道为城镇建设更好地发挥作用，更好地推动城市环境的环保化发展。

三、江河防洪系统

(一) 江河防洪系统组成

根据自然环境因素，防洪系统分工程防洪系统和非工程防洪系统。工程防洪系统措施是通过采取工程手段控制调节洪水，以达到防洪减灾的目的。主要包括水库工程、蓄滞洪工程、堤防工程、河道整治工程四大方面。通过这四方面措施的合理配置与优化组合，从而形成完整的江河防洪工程体系。非工程防洪系统即指通过行政、法律、经济等非工程手段而达到防洪减灾的目的。在河道中上游修建水库，特别是干流上的控制性骨干水库，可有效地拦蓄洪水，削减洪峰，减轻下游河道的洪水压力，确保重要防护区的防洪安全。江河系统是以整个流域从根本上消除洪患为立足点，对远、近期防洪目标做出系统规划和安排，以便制订整个流域防洪方案，协调本流域防汛工作，指导滞洪区的安全建设，统一调度，统一指挥，使洪灾减少到最低限度。要科学地做好这个规划，必须了解历史上曾经发生过的洪水次数、大小、造成危害的范围、损失大小，前人治水的思想、方略、经验以及教训，流域内大小江河、湖泊的演变规律及防洪工程的现有防洪能力、标准以及运行情况，流域内社会、经济情况等，对所在河流或地区的自然条件、社会经济情况、洪水与历史洪灾等进行勘察、调研，获取必要的资料，据以拟订比较方案，包括主要防洪工程措施的规模，再结合综合规划，通过比较或优选，编制河流防洪、城市防洪、海岸防洪等规划，并选定主体防洪工程和非防洪工程措施。

(二)防洪规划

防洪规划需要根据自然环境中的洪水特性、历史洪水灾害,规划范围内国民经济有关部门和社会各方面对防洪的要求,以及国家或地区经济、技术等条件,考虑需要与可能,研究制定保护对象在规划水平年应达到的防洪标准和减少洪水灾害损失的能力,包括尽可能地防止毁灭性灾害的应急措施。为了保护河流沿岸区域在一定洪水标准条件下免受洪水灾害,保护河流生态健康,依据河流自然条件特性、洪水灾害特点和生态环境存在问题,合理规划防洪工程体系,以全面治理洪水灾害,维系河流生态健康为出发点,实施防洪工程建设、加强河道管理、河道内建设项目审批、协调纠纷提供依据,核心是保障防洪安全。以城市堤防为例,城市防洪堤不但要具有防洪功能,还要具有景观环境功能,必要时具有交通、商业等多种功能,走可持续发展之路。人们对防洪工程的认识在不断深化,单纯的工程水利正在逐步包含环境水利、资源水利等新的内容,从传统水利向现代水利转变。对受洪水威胁的城市来说,防洪设施的首要功能是防洪抗灾。但随着人们的环境意识日益增强,对生态环境的要求愈来愈高,过去那种单一的防洪功能的堤防建设已远远不能满足现代人的需求。在城市堤防建设中,如何把防洪工程与城市的生态建设有机地结合起来,怎样结合城市特点,发挥防洪设施的多种功能,为美化城市发挥作用,是建设者必须考虑的问题,在加强堤防建设,提高抗洪能力的同时,积极探索绿化城市、美化城市、造福于民的多方位堤防功能,成为一条结合城市建设、完善堤防功能的新思路,从而建立完善的城市防洪系统,保证人民生命财产安全。

(三)防汛抢险

防汛抢险是指,在汛期,迅速处置险情、抢救人民生命财产,防止或减少洪水造成的损失。汛期特别是发生暴雨、洪水、台风、地震、河库水位骤降及持续高水位行洪期间,要派专人昼夜巡视检查。重点检查堤顶、堤坡、堤脚有无裂缝、冲刷、坍塌、滑坡、塌坑等险情发生;堤坝背水坡有无散浸、渗浑水,坡脚附近有无积水坑塘和冒水、涌沙、流土现象;迎水坡护砌工程有无裂缝、沉陷、损坏、脱坡、崩塌等问题；沿堤闸涵与堤坝的接合部有无裂缝、位移、滑动、漏水、不均匀沉陷等迹象；土石坝有无变形、渗漏、裂缝、坍塌等险情发生。对于尚未经过洪水浸泡的新堤或者水位已超过历史最高水位的堤段，要专人负责，昼夜巡查。发现问题要登记造册，做好标记（如白天插红旗，夜晚挂红灯等），并尽快报告防汛指挥部，立即采取抢护措施：首先，要做到科学精准预测预报，对灾害的准确预测和预警是赢得时间、早做准备、科学抢险的前提。面对特大洪灾，各级党委和政府不能只顾埋头救灾，更要抬头看天，抓好预测预报。其次，要突出防御重点和抢险重点。洪水肆虐，不仅面积大，险点多，而且瞬息万变，但是，再急再险也要突出重点。抓住关键、保住命脉，才能最大限度地减少损失、降低风险。

第二节　取水枢纽工程

一、我国水资源现状

水作为自然界的重要组成部分，是维系生命与健康的基本需求，地球虽然有 71% 的面积为水所覆盖，但是淡水资源却极其有限。在全部水资源中，97.47% 是无法饮用的咸水；在余下的 2.53% 的淡水中，有 87% 是人类难以利用的两极冰盖、高山冰川和永冻地带的冰雪。人类真正能够利用的是江河湖泊以及地下水中的一部分，仅占地球总水量的 0.26%，而且分布不均。因此，世界上有超过 14 亿人无法获取足量而且安全的水来维持他们的基本需求。在许多层面，水资源和健康具有密不可分的关系。我们所做的每项决策事实上都和水以及水对健康所造成的影响有关。我国的"水"存在两大主要问题：一是水资源短缺；二是水污染严重。有资料显示，我国是一个缺水严重的国家，人均淡水资源仅为世界平均水平的 1/4，在世界上名列 110 位，是全球人均水资源最贫乏的国家之一。人均可利用水资源量仅为 900 立方米，并且分布极不均衡。

中国位于太平洋西岸，地域辽阔，地形复杂，大陆性季风气候非常显著，因而造成水资源地区分布不均和时程变化的两大特点。降水量从东南沿海向西北内陆递减，依次可划分为多雨、湿润、半湿润、半干旱、干旱五种地带。由于降水量的地区分布很不均匀，造成了全国水土资源不平衡现象，长江流域和长江以南耕地只占全国的36%，而水资源量却占全国的80%；黄、淮、海三大流域，水资源量只占全国的8%，而耕地占全国的40%，水土资源相差十分悬殊。降水量和径流量的年内、年际变化很大，并有少水年或多水年连续出现的现象。全国大部分地区冬春少雨、夏秋多雨，东南沿海各省区，雨季较长较早。降水量最集中的为黄淮海平原的山前地区，汛期多以暴雨形式出现，有的年份一天大暴雨超过了多年平均年降水量，有的年份发生北旱南涝，另外一些年份又出现北涝南旱。上述水资源特点是造成中国水旱灾害频繁、农业生产不稳定的主要原因。水资源的需求几乎涉及国民经济的方方面面，如工业、农业、建筑业、居民生活等，严重的缺水问题导致我国城镇现代化建设进程、GDP 的增长和居民生活水平的提高都受到了限制。虽然我国水资源总量多，但由于人口数量庞大，人均用水量低，而其中能作为饮用水的水资源有限。而工业废水、生活污水和其他废弃物进入江河湖海等水体，超过水体自净能力，会导致水体的物理、化学、生物等方面特征的改变，从而影响到水的利用价值，危害人体健康或破坏生态环境，造成水质恶化的现象。所以，应缓解严峻的水形势。

二、地下（地表）取水工程

我国的城市供水作为城市发展的主要动力，取水工程是相当复杂的，如何有效地利用城市的地表水更是一个十分困难的课题，如何有效地开展这个课题是十分关键和必要的，在某种意义上是关系到国计民生的一件大事。水利行业的专家们通过实地调查发现，污染型缺水是造成水污染的最直接也是最本质的根源性问题，故而，如何有效地，协调去水取水供水工程的生态成本和环境效益这两个关键因素之间的比例问题，是一个对城市的规划发展相当重要和必须解决的问题。另外，人类社会的可持续发展面临着严峻的挑战，这迫使人类必须重视自然环境的保护与利用、自然资源的合理开发与利用这样一个生死攸关的大问题。而在这个大问题中，水又是最重要的，因为水是生命的源泉。水在自然资源中是应用最普遍、分布最广泛、对人类最重要的自然资源。随着人类社会的发展，人类已经认识到，水不是取之不尽、用之不竭的，水是有限的。地表水资源贫乏和水污染加剧，致使一些地区对地下水进行掠夺式开发，地下水超采十分严重。据不完全统计，目前全国已形成地下水域性降落漏斗149个，漏斗面积15.8万平方千米，其中严重超采面积6.7万平方千米，占超采面积的42.3%，多年平均超采地下水67.8亿立方米，有的漏斗中心水位埋深60~80米，有些城市还出现了地面沉降，造成严重后果。

地下水对人类的生产、生活十分重要，是地球上水资源的一个重要组成部分，具有水质洁净、温度变化小和分布广泛等优点，是居民生活、工农业生产和国防建设的一个重要水源。在世界各国供水量中，地下水占很大比例，如丹麦、利比亚、沙特阿拉伯与马耳他等国均占100%，圭亚那、比利时和塞浦路斯等国占80%~90%，德国、荷兰与以色列占67%~75%，俄罗斯占24%，美国占20%。美国1/3的水浇地依赖地下水灌溉；俄罗斯地下水开采量每秒钟达700立方米，其中的200多立方米用于城市供水、200多立方米用于农田灌溉。地表地下水资源不仅具有可恢复性、水利水害两面性、地表水与地下水相互转化性，而且具有开发利用简便，使用方便、灵活，投资少，见效快，维修少，易管理，安全卫生等特征。在地表水源不足或地表水虽丰富但遭受严重污染的地区，开发利用地下水资源，可为各用水部门提供优质的水源。适度开采地下水，科学利用地下水的可开采资源，对人类是有益的，且能美化环境，创造更多的物质财富。另外，我国水资源已开发利用约5600亿立方米，有3000亿立方米尚可开发。这说明还有"开源"的空间，但衡量水资源利用程度的主要指标为"水资源开发利用率"，如果按通常规划概念的水资源开发利用率是指供水能力（或保证率）为75%时可供水量与多年平均水资源总量的比值，是表征水资源开发利用程度的指标，我国水资源开发利用率为20%，国际上一般认为的对一条河流的开发利用不能超过其水资源量的40%的警示线，而黄河、海河、辽河、淮河的水资源利用率都超过了这一预警线，就可能会爆发严重的水资源和水环境危机，所以我国要积极开展地下水工程，以解决我国水资源短缺的现状。

三、海水取水工程

随着水资源的急剧短缺，海水淡化已成为全球应对淡水资源短缺的重要手段之一，海水淡化工程的建设量逐年加大，海水取水工程作为海水淡化厂的重要组成部分，其任务是确保在海水淡化厂的整个生命周期内提供足够的、持续的、适合的水源。取水方式的选择及取水构筑物的建设对整个淡化厂的投资、制水成本、系统稳定运行及生态环境都有重要的影响。取水工程的建设需要考虑到海水淡化厂的投资、建设规模、海水淡化工艺对水质的要求；需要在对取水海域水文水质、地质条件、气象条件、自然灾害等进行深入调查的基础上合理选择取水口及取水方式。海水中含硼，反渗透膜不能完全脱硼，硼含量超标的水会引起人体的不良反应。虽然在我国自来水水质标准中，目前还没有对硼含量进行限制，淡化水完全满足用户乃至居民生活饮用的国家标准，但国际卫生组织已经对饮用水的硼含量有了限制，要求的饮用水含硼小于0.5mg/L的标准，需要考虑国家将来提高饮用水标准。所以海水取水工程意义重大，海水淡化工程的取水主要有海滩井取水、深海取水及浅海取水三种方式。海滩井取水方式能够取到优质的源水，从而节省预处理部分的投资和运行费用，但要考虑海岸地质构造、水文水质以及运行过程中可能出现的水质不稳定等因素，进行深入调查论证后确定；深海取水方式能取到水质较好的海水，但由于其投资较大、施工较复杂等原因而工程应用较少；浅海取水方式可适用于不同的海水淡化工程，是应用较为广泛的一种取水方式。在进行海水取水工程设计时，应综合考虑海水对金属材料的腐蚀、海生物及潮汐的影响等因素，国家应该大力开展海水取水工程，以解决水资源短缺的问题。

海水淡化是我国生活用水的主要来源之一，我国海水淡化工程的取排水口主要集中分布在辽东半岛东部海域、渤海湾海域、山东半岛东北部及南部海域、舟山群岛海域及浙中南海域，多位于港口航运区、工业与城镇用海区、特殊利用区，工程用海水淡化方式，大部分为"取排水口用海"，少数为用于厂区建设的"填海造地用海"和"蓄水池、沉淀池等用海"。工程取水方式以岸边取水、管道取水和借用已有取水设施取水为主，少数工程采用海滩井取水、潮汐取水、真空虹吸取水等方式，取水距离从30~3500米不等，大多数为100~300米。浓海水排放方式主要分为两类：一类是排海处理，包括直接排入海洋、混合后排入海洋等；另一类是再利用，包括综合利用、温海水养殖等。海水淡化的方式有多种：一是海滩井取水，即在海岸线边上建设取水井，从井里取出经海床渗滤过的海水，作为海水淡化厂的源水。通过这种方式取得的源水由于经过了天然海滩的过滤，海水中的颗粒物被海滩截留，浊度低，水质好，对于反渗透海水淡化，尤其具有吸引力。能否采用这种取水方式的关键是海岸构造的渗水性、海岸沉积物厚度以及海水对岸边海底的冲刷作用。适合的地质构造为有渗水性的砂质构造，一般认为渗透量至少要达到1000立方米（d·m），沉积物厚度至少达到15m。当海水经过海岸过滤，颗粒物被截留在海底，波浪、海流、潮汐等海水运动的冲刷作用能将截留的颗粒物冲回大海，保持海岸良好的渗水性，以获得大量的生活用水。二是反渗透法，通常又称超过滤法，是1953年才开始采用的一种膜分离淡化法。该法是利用只允许溶剂透过、不允许溶质透过的半透膜，将海水与淡水分隔开。在通常情况下，淡水通过半透膜扩散到海水一侧，从而使海水一侧的液面逐渐升高，直至一定的高度才停止，这个过程为渗透。此时，海水一侧高出的水柱静压称为渗透压。反渗透海水淡化技术发展很快，工程造价和运行成本持续降低，主要发展趋势为降低反渗透膜的操作压力，提高反渗透系统回收率、廉价高效预处理技术，增强系统抗污染能力，等等。除这两种比较完善的海水淡化技术以外，我国还在开发其他海水淡化技术，并在逐步完善中。

第三节　灌排工程

一、灌溉排水工程规划

灌溉排水工程规划是国家为防旱除涝，以及合理利用水土资源，发展灌溉和排水而制订的总体规划。它是水利建设的一项重要前期工作，用以安排灌溉排水的长期发展计划和确定近期灌排工程项目。灌溉排水工程（简称灌排工作）规划由两部分组成，即灌溉规划和排水规划。由于不同地区在不同时期内有不同的要求，也可以单独编制灌溉规划或排水规划，根据国家的水利建设方针和农业生产发展的要求，研究规划地区的自然和社会经济的特点，提出防旱除涝及土壤改良的目的和任务；拟定灌排工程的项目、规模和建设程序；进行技术经济论证；选定近期工程项目及其实施步骤。灌区规划的主要任务是对灌区水土资源在国民经济各部门间进行科学分配，合理确定灌区规模和灌区农业的发展方向，因此灌区规划必须了解灌区所在流域和地区的历史变迁、经济发展状况、水土资源开发利用现状及存在问题等资料，按照流域规划、地区国民经济与社会发展规划等，紧密结合地区各专业规划和用水现状，以科学的态度，实事求是，才能制订出符合灌区实际、科学合理、现实可行的规划，促进灌区经济与社会的可持续发展，全面提升灌区建设和管理水平，不断创新灌区建设和管理理念，努力实现灌区投入多元化、建设规范化、管理系统化、环境园林化、用水科学化、效益最大化，提高农业综合生产能力，保障粮食安全，促进农业和农村经济持续稳定发展。总而言之，灌溉排水工程的主要任务就是防旱除涝，以及合理利用土地资源，为我国农田发展提供新动力。

二、灌溉渠系的组成

随着水资源的日益紧张，灌排工程在农业发展方面有很深远的影响。因此，在规划、修建灌溉系统时，要求最大限度地节约水源，节省能源；在工程上，要求各级渠道的渗漏损失水量最小，凡有条件的地区多采用衬砌渠道。同时，要求用排水手段排出田间土壤中多余水分，控制地下水位埋深，实现灌溉、排水系统配套，提高灌溉排水效益。灌溉系统应包括水源取水工程、各级输配水渠道、渠系配套建筑物和田间工程等。实际上很多灌区都有灌溉与排水两方面的要求，包括旱时灌溉和涝时排水，所以还要安排与灌溉渠系相对应的排水沟系，组成灌溉排水系统，从而大力推进农田产业发展。

灌溉排水系统的主要内容，是将水从水源通过各级灌溉渠道（管道）和建筑物输送到田间，并通过各级排水沟道排出田间多余水量。农田水利设施排水沟道一般应同灌溉渠系配套，也可分为干、支、斗、农、毛五级，或总干沟、分干沟、分支沟等。主要作用是排除因降雨过多而形成的地面径流，或排除农田积水和表层土壤的多余水分，以降低地下水位，排除含盐地下水及灌区退水。对于主要排水沟道要防止坍塌、清淤除草，确保畅通。主要组成部分包括：一是水源取水工程。自水源取水并引入农田灌溉所需修筑的进水闸、拦河坝、水库、泵站等，均属于取水工程。二是各级输配水渠道按照灌区的地形条件和所控制灌溉面积的大小。灌溉渠系一般分为干、支、斗、农四级固定渠道。对于小型灌区、地形平坦、面积较小的只设干支两级渠道即可。干渠主要起输水作用，它把从渠首引入的水量输送到各灌溉地段。支渠主要起配水作用，把从干渠分来的水量，按用水计划分配给各用水户。三是灌溉渠系配套建筑物。一般包括分水闸、节制闸、泄水闸、渡槽、倒虹吸、跌水、陡坡、涵洞、桥梁和量水建筑物等，其作用主要是输送、控制、分配和量测水量等。四是田间工程。田间工程是指农渠以下的毛渠、输水沟、畦和灌水沟以及护田林网、道路等水田，还包括格田田埂，其主要作用是调节农田水分状况，满足作物对灌溉、排水的要求，从而促进农业产业可持续发展。

三、渠系建筑物的布置规划

渠系建筑物的作用是安全合理地输配水量以满足农田灌溉、水力发电、工业及生活用水的需要。在渠道（渠系）上修建的水工建筑物，统称渠系建筑物。灌溉渠道可分为明渠和暗渠两类：明渠修建在地面上，具有自由水面；暗渠为四周封闭的地下水道，可以是有压水流或无压水流。明渠占地多，渗漏和蒸发损失大，但施工方便，造价较低，因此应用最多。暗渠占地少，渗漏、蒸发损失小，适用于人多地少地区或水源不足的干旱地区。但修暗渠需大量建筑材料，技术较复杂，造价也较高。灌溉渠道须具有一定的过水能力，以满足输送或分配灌溉水的要求；同时还必须具有一定水位，以满足控制灌溉面积的要求。灌溉渠道的数量多，工程量大，影响面广，因此除应有合理的规划布局外，还应对其设计流量、流速、坡降以及纵横断面尺寸等进行精心设计规划。灌溉排水系统规划布置应考虑以下几点：

（1）在灌区农业区划与农田水利区划的基础上进行，以适应农业灌溉用水和其他部门用水的需要；

（2）充分利用水源，扩大灌溉面积，提高抗旱能力；

（3）尽可能少占农田，并便于输水、配水及管理；

（4）在综合利用水资源的基础上，进行技术论证，要求工程量小，投资少，而效益大；

（5）灌溉系统与排水系统相配套，并尽可能做到渠灌和井灌相结合，尽可能实现自流灌溉及自流排水；

（6）有利于水源养护和改善生态环境。随着灌溉农业的发展，水资源日趋紧张，因此在规划、修建灌溉系统时，要求最大限度地节约水源，节省能源；在工程上，要求各级渠道的渗漏损失水量最小，凡有条件的地区多采用衬砌渠道；同时，要求用排水手段排除田间和土壤中多余水分，控制地下水位埋深，实现灌溉、排水系统配套，加快灌溉排水效益，以提高农业产业发展速度。

四、农田水利灌排工程

(一) 农田水利发展概况

随着我国社会各方面的快速发展，农业作为经济社会发展的基础，也得到了迅猛的发展。而在农业经济发展中，农田水利设施能够增强农业抗灾能力，有效提高农业生产能力，并对促进农民生活水平的提高及保护区域生态环境起到十分重要的作用。因此，做好农田水利建设工作十分必要。

随着农田水利的不断发展，为农业生产的稳步发展和人民生活的改善提供了物质保证。过去很多经常遭受旱涝灾害、产量很低的农田，通过治理，变成了旱涝保收、高产稳产的农田。经过几十年来大规模的水利建设，中国已初步建成了防洪、排涝、灌溉和供水体系，为国家的经济发展提供了基本保障。另外，农田水利建设就是通过兴修为农田服务的水利设施，包括灌溉、排水、除涝和防治盐、溃灾害等，建设旱涝保收、高产稳定的基本农田。主要内容：整修田间灌排渠系，平整土地，扩大田块，改良低产土壤，修筑道路和植树造林等。

(二) 农田水利灌排工程任务

农田水利灌排工程作为农业产业发展的基础，直接关系到农业生产的收益以及农民生活水平的提高。因此，要结合当前农田水利建设的现状，采取有效的措施加强农田水利建设，并做好水利设施的维修管理工作，推广应用先进的农业技术，从而推动农业经济的稳定、可持续发展。农业基础设施建设一般包括：一是农田水利建设，如防洪、防涝、引水、灌溉等设施建设；二是农产品流通重点设施建设，商品粮棉生产基地，用材林生产基地和防护林建设；三是农业教育、科研、技术推广和气象基础设施等。而当中的农田水利建设是指为发展农业生产服务的水利事业，它的基本任务就是通过水利工程技术措施，改变不利于农业生产发展的自然条件，为农业高产高效服务。主要内容是整修田间灌排渠系、平整土地、扩大田块、改良低产土壤、修筑道路和植树造林等。小型农田水利建设的基本任务，是通过兴修各种农田水利工程设施和采取其他各种措施，调节和改良农田水分状况和地区水利条件，使之满足农业生产发展的需要，促进农业的稳产高产。一是采取蓄水、引水、跨流域调水等措施调节水资源的时空分布，为充分利用水、土资源和发展农业创造良好条件；二是采取灌溉、排水等措施调节农田水分状况，满足农作物需水要求，改良低产土壤，提高农业生产水平。总而言之，我国要加强农田水利工程基本建设，以更好地推进我国农业发展。

第四节　蓄泄水枢纽工程

一、蓄水枢纽工程简介

随着社会的不断发展，近一百多年来人类对河流进行了大规模开发利用，兴建了一批蓄水库和跨流域调水工程，这些水利工程一方面给社会带来了巨大的经济效益和社会利益，另一方面也极大地破坏了人类赖以生存的自然资源和生态环境。因此，我们要兴利弊害，充分发挥水利工程为人类造福的优势，减免其对环境的不利影响。水利工程对生态环境的影响是广泛而深远的，我们在兴修水利工程的同时要特别注意水利工程作为新生的环境组成与其他环境组成的协调和平衡问题，使它们组成一个更为和谐的水资源系统。当前水利工作者应继续树立起环境保护的意识，充分意识到环境问题在水利工程建设中的重要地位，现代水利事业的发展方向是充分利用水利资源，达到经济效益、环境效益和社会效益的统一。蓄水灌溉工程的蓄水枢纽的重点工程，调蓄河水及地面径流以灌溉农田的水利工程设施，包括水库和塘堰。当河川径流与灌溉用水在时间和水量分配上不相适应时，需要选择适宜的地点修筑水库、塘堰和水坝等蓄水工程。

(一) 蓄水灌溉工程

随着社会经济的发展，我国的灌溉事业已经逐步成熟，在不同时期，灌溉发展的重点不同，灌溉工程不仅用于灌溉，也用于传播文化。灌溉具有多重作用，如提高作物产量、保障粮食安全、向农村提供饮用水、增加农民收入和解决农村脱贫、创造就业机会以及改善环境等。但是，随着社会经济的快速发展，中国面临着水资源短缺和环境恶化等问题，中国的灌溉发展面临着挑战。尽管灌溉用水在总供水量中的比重在减少，但灌溉仍是中国的第一用水大户。由于中国的灌溉水利用率较低，所以灌溉的节水潜力很大。蓄水灌溉措施，包括现代灌水技术、现代农艺措施和现代管理措施，已经在中国的 300 个县进行了示范和推广。中国还在 208 个大型灌区开展了大型灌区续建配套和蓄水改造工作，大约 770 万公顷的灌溉面积已经发展成为蓄水灌溉面积。22.73 万千米长的渠道得到了衬砌，建成了 13.13 万千米长的低压管道，145 万公顷的喷灌面积和 14.55 万公顷的微灌面积。1670 万公顷的灌溉面积上推广使用了非工程蓄水措施，其中 800 万公顷是采用控制灌水方法的水田。比如，都江堰灌区是目前全国最大的灌区，现有耕地 1086 万亩。往年春耕时节，灌区 400 多万亩秧田需要供水育秧，由于春天正值岷江枯水期，上游来水十分有限，春灌与生活、工业、环境用水矛盾突出。紫坪铺水利枢纽工程建成后，总库容 11.12 亿立方米的水库通过蓄水，使耕地的供水保证率由原来的 30% 提高到 80%，枯水期增加灌溉供水量 4.37 亿立方米。

（二）蓄水防洪工程

随着国家对防洪抗旱的重视，水利部先后颁布了多份水库工程防汛的相关章程，对当前国内水库防洪技术的提高起着有效的指导和促进作用。目前在水库的防洪问题上一般采用综合防治的方法，通过采取蓄、泄、滞、分四种措施，快捷有效地达到防汛的目的。做好防汛工作，确保城镇防洪安全对于保障经济发展和社会稳定具有重要的意义。蓄水防洪工程是利用防洪水库库容调蓄洪水以减少下游洪灾损失的措施。水库防洪一般用于拦蓄洪峰或错峰，常与堤防、分洪工程、防洪工程措施等配合组成防洪系统，通过统一的防洪调度共同承担其下游的防洪任务。用于防洪的水库一般可分为单纯的防洪水库及承担防洪任务的综合利用水库，也可分为溢洪设备无闸控制的滞洪水库及有闸控制的蓄洪水库。在水库枯水期蓄水阶段，河道里的泥沙就会全部淤积在水库蓄水区内，到水库放水时期，这些泥沙就随着水流流到水库下游河段下，长期以来，经过不断的积累就会在水库下游河段形成大量的泥沙淤积。尽管从水库工程建设运行开始，其流到下游河道的泥沙淤积逐年减少，泥沙淤积总量会持续地增加，河道泥沙的大量淤积，就致使了河床在不断地抬高和展宽，当水库在紧急泄洪情况下，就会导致泄洪速度缓慢，提高了水库的防洪能力，为人民的生命财产安全提供了保证。

　　水库的防洪调度是蓄水防洪工程的重要组成部分，通过合理的防洪调度可以有效地降低洪水所造成的影响，甚至可以避免洪水带来的危害。当水库水位超过正常蓄水位或水库承担下游防洪任务，应及时开启全部闸门敞开泄洪，以确保水库的安全。对于一些特殊的运用方式，有时需启用临时的泄洪设施，此时操作上应该格外谨慎。拥有较大蓄洪量的水库，以库水位作为启用条件比较安全。对于蓄洪能力较小或者是设计洪水标准较低的水库，以入库流量作为启用条件比较安全。水库本身防洪标准：从保证大坝安全出发，需要分别拟定水库防洪设计标准（正常运用）及校核标准（非正常运用）。水库防洪设计标准，是在正常运用情况下确定水库有关参数和水工建筑物尺寸的依据。校核标准是非常运用情况下校核大坝安全的依据。水库的防洪设计标准，主要根据大坝规模、效益、失事后造成的严重后果等因素，按照有关的规程、规范选定，必要时可通过经济论证及综合分析确定。蓄水工程对人类发展意义重大，首先，单纯防洪的水库不能充分利用水资源，以防洪任务为主的水库要考虑其他兴利要求，以兴水利任务为主的水库要根据具体情况安排一定的防洪库容。其次，以水库群组成的防洪系统，能充分发挥各种防洪工程措施或非工程措施的优势，是解决防洪问题的方向。最后，水库防洪要进一步采用先进的科学调度技术和手段，蓄水防洪对人类生产生活的发展意义重大，极大地保证了人们生命财产的安全。

二、泄水枢纽系统简介

　　在水利枢纽工程中，泄洪闸坝既起挡水作用，又被用于下泄规划库容所不能容纳的洪水，是控制水位、调节泄洪量的重要建筑物。溢流闸坝除应具备足够泄流能力外，还要保证其在工作期间的自身安全和下泄水流与原河道水流获得妥善的衔接。泄水系统按构造可分为泄洪闸门和泄洪隧洞两类。前者通常在大坝上设置，必要时借助开启闸门泄水。后者须在大坝两侧分别设进排水口，并在水库水位超高时启用常用的泄水建筑物，包括：

（1）低水头水利枢纽的滚水坝、拦河闸和冲沙闸；

（2）高水头水利枢纽的溢流坝、溢洪道、泄水孔、泄水涵管、泄水隧洞；

（3）由河道分泄洪水的分洪闸、溢洪堤；

（4）由渠道分泄入渠洪水或多余水量的泄水闸、退水闸；

（5）由涝区排泄涝水的排水闸、排水泵站。

修建泄水建筑物，关键是要解决好消能防冲和防空蚀、抗磨损问题。对于较轻型建筑物或结构，还应防止泄水时的振动。泄水建筑物设计和运行实践的发展与结构力学和水力学的进展密切相关。近年来，由于高水头窄河谷宣泄大流量、高速水流压力脉动、高含沙水流泄水、大流量施工导流、高水头闸门技术以及抗震、减振、掺气减蚀、高强度耐蚀耐磨材料的开发和进展，对泄水建筑物设计、施工、运行水平的提高起了很大的推动作用。泄水输水建筑物是水利水电枢纽工程十分重要的水工建筑物。水流冲刷作用会产生诸多地质问题。冲刷的影响因素主要有地质和水流两方面，其中前者是根本。目前，冲刷坑计算采用的是建立在室内模型试验和原型观测成果基础上提出的经验公式，最终冲刷结果还须通过水工模型试验予以验证。地质冲刷的影响因素十分复杂，地质上应综合分析和评价，注意要留有余地，同时在工程运行期间，对严重冲刷地段必须加强安全监测，为枢纽的正常运行提供安全保障。

目前，我国水利工程应用的泄水建筑物用以排放多余水量、泥沙和冰凌等。泄水建筑物具有安全排洪，放空水库的功能。对于水库、江河、渠道或前池等运行起太平门的作用，也可用于施工导流。溢洪道、溢流坝、泄水孔、泄水隧洞等是泄水建筑物的主要形式。泄水建筑物是水利枢纽的重要组成部分。其造价常占工程总造价的很大部分。所以，合理选择形式，确定其尺寸十分重要，泄水建筑物按其进口高程可布置成表孔、中孔、深孔或底孔。表孔泄流与进口淹没在水下的孔口泄流，由于泄流量分别与 H3/2 和 H1/2（H 为水头）成正比，所以，在同样水头时，前者具有较大的泄流能力，方便可靠，常是溢洪道及溢流坝的主要形式。深孔及隧洞一般不作为重要大泄量水利枢纽的单一泄洪建筑物。葛洲坝水利枢纽二江泄水闸泄流能力为 84000m^3/s，加上冲沙闸和电站，总泄洪能力达 110000/s，是目前世界上泄流能力最大的水利枢纽工程。

第五节 给排水工程

一、给排水工程简介

给排水工程是人类用水的一项重要基础内容，一般指的是城市用水供给系统、排水系统（市政给排水和建筑给排水）。给排水工程研究的是水的一个社会循环的问题。给水：一所现代化的自来水厂，每天从江河湖泊中抽取自然水后，利用一系列物理和化学手段将水净化为符合生产、生活用水标准的自来水，然后通过四通八达的城市水网，将自来水输送到千家万户。排水：一所先进的污水处理厂，把我们生产、生活使用过的污水、废水集中处理，然后干干净净地排放到江河湖泊中去。这个取水、处理、输送，再处理，然后排放的过程就是给排水工程主要研究的内容。其中，给水工程是向用水单位供应生活、生产等用水的工程。给水工程的任务是供给城市和居民区、工业企业、铁路运输、农业、建筑工地以及军事上的用水，并须保证上述用户在水量、水质和水压方面的要求，同时要担负用水地区的消防任务。给水工程的作用是集取天然的地表水或地下水，经过一定的处理，使之符合工业生产用水和居民生活饮用水的水质标准，并用经济合理的输配方法，输送给各种用户。为了保护环境，现代城市就需要建设一整套完善的工程设施来收集、输送、处理和处置污废水，城市降水也应及时排出。排水工程就是城市、工业企业排水的收集、输送、处理和排放的工程系统。排水包括生活污水、工业废水、降水以及排入城市污水排水系统的生活污水、工业废水或雨水的混合污水（城市污水）。因此，排水工程的基本任务是保护环境免受污染，以促进工农业生产的发展和保障人民的健康与正常生活，其主要内容包括：

（1）收集城市内各类污水并及时地将其输送至适当地点（污水处理厂等）；

（2）妥善处理后排放或再重复利用。

给排水工程是人类生产生活重要的组成部分，给人类提供了许多方便。

二、建筑内部给水系统

(一) 建筑内部给水系统分类与组成

建筑内部给水系统按其用途可分为生活给水系统、生产给水系统和消防给水系统三大类。若条件许可，对于高层建筑采用生活、生产、消防共用给水系统较节省建设费用。

消防要求高的某些公共建筑和生产厂房，若消防管道与其他管道合并，在技术和经济上均不合理时，可设置专用的消防给水系统。一是生活给水系统。生活给水系统是设在工业建筑或民用建筑内，供应人们日常生活的饮用、烹饪、盥洗、洗涤、淋浴等用水的给水系统。它应满足水量、水压、饮用水水质要求，特别是对水质有较高的要求。可划分为生活饮用水系统和生活杂用水系统。二是生产给水系统。生产给水系统是设在工矿企业生产车间内，供应生产过程用水的给水系统。生产给水因产品的种类以及生产的工艺不同，其对水质、水量和水压的要求有所不同，如冷却用水、锅炉用水。可划分为循环给水系统、重复利用给水系统。三是消防给水系统。消防给水系统是设在多层或高层的工业与民用建筑内，供应消防用水的给水系统。消防给水对水质要求不高，但必须保证有足够的水量和水压，符合建筑防火规范要求。可划分为消火栓灭火系统和自动喷水灭火系统。建筑内给水方式有多种，种类也不一，但目的都是方便人类的生产生活。

给水系统是建筑物内重要组成部分，一般建筑物的给排水系统包括给水系统和排水系统，它是任何建筑物必不可少的重要组成部分，给水系统主要由引入管、水表节点、给水管道、配水装置和用水设备、控制附件、增压和储水设备等部分组成。建筑内部给水与小给水系统是以建筑物内的给水引入管上的阀门井或水表井为界。典型的建筑内部给水系统，一般由以下几点组成。

(1) 水源：指市政接管或自备贮水池等。主要供给人们饮用、盥洗、洗涤、烹饪等生活用水，其水质必须符合国家规定的饮用水质标准和卫生标准。

(2) 管网：建筑内的给水管网是由水平或垂直干管、立管、横支管和建筑物引入管组成。给水管道系统是构成水路的重要组成部分，主要由水平干管、立管和支管等组成，多采用钢管和铸铁管，也可采用兼有钢管和塑料管优点的钢塑复合管，以及以铝合金为骨架、管道内外壁均为聚乙烯的铝塑复合管等。

（3）水表节点：指建筑物引入管上装设的水表及其前后设置的阀门的总称或在配水管网中装设的水表，安装在引入管上的水表及其前后设置的阀门和泄水装置总称为水表节点。其中，水表用来计量建筑用水量，常采用流速式水表；水表前后安装的阀门用于水表检修和更换时关闭管道，泄水装置用于水表检修时放空管网。为保证水表计量准确，需要水流平稳地流经水表，所以在水表安装时其前后应有符合产品标准规定的一段直线管段。寒冷地区为防止水表冻裂，可将水表井设在有采暖设备的房间内。

（4）给水附件：指管网中的阀门及各式配水龙头等。主要指管道系统中调节水量、水压，控制水流方向以及便于管道、仪表和设备检修的各类阀件。常用的阀门有截止阀、闸阀、蝶阀、止回阀、液位控制阀、安全阀等。

（5）升压和贮水设备：在室外给水管网提供的压力不足或建筑内对安全供水、水压稳定有一定要求时，须设置各种附属设备，如水箱、水泵、气压装置、水池等升压加贮水设备当市政给水管网压力不足，不能满足建筑物的正常用水要求，或建筑对安全供水要求较高时，须在给水系统中设置水泵、气压给水装置、水箱与蓄水池等增压和储水设备。

（6）室内消防给水设备：建筑物内消防给水设备有消火栓、水泵接合器、自动喷水灭火设施。主要供给各类消防设备灭火用水，对水质要求不高，但必须按照建筑防火规范保证供给足够的水量和水压。

（二）消防给水系统

消防给水系统是建筑物的重要组成部分。首先，室外消防给水系统按消防水压要求分高压消防给水系统、临时高压消防给水系统和低压消防给水系统。由于消防水系统与火灾自动报警系统、消防自动灭火系统关系密切，国家技术规范规定消防给水应由消防系统统一控制管理，因此，消防给水系统由消防联动控制。系统进行控制大中城镇的给水系统基本上都是生活、生产和消防合用给水系统。采用这种给水系统有时可以节约大量投资，符合我国国民经济的发展方针。从维护使用方面看，这种系统也比较安全可靠。生活和生产用水量很大，而消防用水量不大，适宜采用这种给水系统。生产、生活和消防合用的给水系统，要求当生产、生活用水达到了最大小时用水量时（淋浴用水量可按 15% 计算，浇洒及洗刷用水量可不计算在内），仍应保持室内和室外消防用水量，消防用水量按最大流量计算。室内消防系统指安装在室内，用以扑灭发生在建筑物内初起的火灾的设施系统。它主要有室内消火栓系统、自动喷水消防系统、水雾灭火系统、泡沫灭火系统、二氧化碳灭火系统、卤代烷灭火系统、干粉灭火系统等。根据火灾统计资料证明，安装室内消防系统是有效的和必要的安全措施，室内消火栓箱内一般设有水枪、水带等。为扑救初起火灾，水枪流量一般按两支水枪同时出水，每支水枪的平均用水量约 5L/s 计算。高层建筑室内消防水量，一般按室外消防用水量计算；高度在 50m 以上的高层公共建筑的室内消防水量应大于室外消防水量。消防给水系统是建筑物重要组成部分，关系到居民的正常生产、生活，应该加大研究力度。

三、建筑排水系统

（一）建筑排水系统概述

建筑内排水系统是建筑的主要组成部分。建筑内排水系统是将室内人们在日常生活和工业生产中使用过的水分别汇集起来，直接或经过局部处理后，及时排入室外污水管道。为排除屋面的雨、雪水，有时要设置室内雨水道，把雨水排入室外雨水道或合流制的下水道。建筑内部排水系统分为污废水排水系统和屋面雨水排水系统两大类。按照污水、废水的来源，污废水排水系统又分为生活排水系统和工业废水排水系统。按污水与废水在排放过程中的关系，生活排水系统和工业废水排水系统又分为合流制和分流制两种体制。另外，生活排水系统排除居住建筑、公共建筑及工业生产企业生活间的污水与废水，工业废水排水系统排除工业企业在生产过程中产生的废水，屋面雨水排除系统收集降落到工业厂房、大屋面建筑和高层建筑屋面上的雨雪水，建筑物排水系统适用于大型工业厂房、民房等建筑。

（二）建筑排水系统组成

排水系统是建筑重要组成部分。建筑内部污废水排水系统的基本组成部分有卫生器具和生产设备的受水器、排水管道、清通设备和通气管道，在有些建筑物的污废水排水系统中，根据需要还设有污废水的提升设备和局部处理构筑物。其中，卫生器具又称卫生设备或卫生洁具，是接受、排出人们在日常生活中产生的污废水或污物的容器或装置，包括便溺器具、盥洗器具、沐浴器具、洗涤器具、地漏等。卫生器具是建筑内部排水系统的起点，因各种卫生器具的用途、设置地点、安装和维护条件不同，所以卫生器具的结构、形式和材料也各不相同。除大便器外，其他卫生器具均应在排水口处设置格栅。生产设备受水器是接受、排出工业企业在生产过程中产生的污废水或污物的容器或装置。普通外排水系统又称檐沟外排水系统，由檐沟和雨落管组成，降落到屋面的雨水沿屋面集流到檐沟，然后流入隔一定距离沿外墙设置的雨落管排至地面或雨水口。雨落管多用镀锌铁皮管或塑料管。镀锌铁皮管为方形，断面尺寸一般为80mm×100mm或80mm×120mm，塑料管管径为75mm或100mm。根据降雨量和管道的通水能力确定下根雨落管服务的房屋面积，再根据屋面形状和面积确定雨落管间距。根据经验，民用建筑雨落管间距为8~12m，工业建筑为18~24m。普通外排水方式适用于普通住宅、一般公共建筑和小型单跨厂房。

(三) 建筑排水系统特点

建筑给排水是一门应用技术，是研究工业和民用建筑用水供应和废水的汇集、处置，以满足生活、生产的需求和创造卫生、安全、舒适的生活、生产环境的工程学科。在水的人工循环系统中，建筑给排水工程上接城市给水工程，下接城市排水工程，处于水循环的中间阶段。它将城市的给水管网的水送至用户，如居住小区企业、各类公共建筑和住宅等，在满足用水要求的前提下，分配到各配水点和用水设备，供人们生活、生产使用，然后又将使用后因水质变化而失去使用价值的污废水汇集、处理，或排入市政管网回收，或排入建筑中水的原水系统以备再生回收。建筑给排水工程和供热、通风、空调、供电和燃气等工程共同组成建筑设备工程，具有提高建筑使用质量，高效地发挥建筑为人们生活、生产服务的功能。

第三章 水利工程施工建设

第一节 水利枢纽

一、水利勘测

水利勘测是为水利建设而进行的地质勘察和测量，是水利科学的组成部分。水利勘测任务是对拟定开发的江河流域或地区，就有关的工程地质、水文地质、地形地貌、灌区土壤等条件开展调查与勘测、分析研究其性质、作用及内在规律，评价预测各项水利设施与自然环境可能产生的相互影响和出现的各种问题，为水利工程规划、设计与施工运行提供基本资料和科学依据。

水利勘测是水利建设基础工作之一，与工程的投资和安全运行关系十分密切。有时由于对客观事物的认识和未来演化趋势的判断不同，措施失当，往往发生事故或失误。水利勘测需反复调查研究，必须密切配合水利基本建设程序，分阶段逐步深入进行，达到利用自然和改造自然的目的。

（一）水利勘测的内容

（1）水利工程测量。包括平面高程控制测量、地形测量（含水下地形测量）、纵横断面测量，定线、放线测量和变形观测等。

（2）水利工程地质勘察。包括地质测绘、开挖作业、遥感、钻探、水利工程地球物理勘探、岩土试验和观测监测等。用以查明：区域构造稳定性、水库地震；水库渗漏、浸没、塌岸、渠道渗漏等环境地质问题；水工建筑物地基的稳定和沉陷；洞室围岩的稳定；天然边坡和开挖边坡的稳定，以及天然建筑材料状况等。随着实践经验的丰富和勘测新技术的发展，环境地质、系统工程地质、工程地质监测和数值分析等，均有较大进展。

（3）地下水资源勘察。已由单纯的地下水调查、打井开发，向全面评价、合理开发利用地下水发展，如渠灌井灌结合、盐碱地改良、动态监测预报、防治水质污染等。此外，对环境水文地质和资源量计算参数的研究，也有较大提高。

（4）灌区土壤调查。包括自然环境、农业生产条件对土壤属性的影响，土壤剖面观测，土壤物理性质测定，土壤化学性质分析，土壤水分常数测定以及土壤水盐动态观测。通过调查，研究土壤形成、分布和性状，掌握在灌溉、排水、耕作过程中土壤水、盐、肥力变化的规律。除上述内容外，水文测验、调查和实验也是水利勘测的重要组成部分，但中国的学科划分现多将其列入水文学体系之内。

水利勘测也是水利建设的一项综合性基础工作。世界各国在兴修水利工程中，由于勘测工作不够全面、深入，曾相继发生过不少事故，带来了严重灾害。

水利勘测要密切配合水利工程建设程序，按阶段要求逐步深入进行；工程运行期间，还要开展各项观测、监测工作，以策安全。在勘测中，既要注意区域自然条件的调查研究，又要着重水工建筑物与自然环境相互作用的勘探试验，使水利设施起到利用自然和改造自然的作用。

(二) 水利勘测的特点

水利勘测是应用性很强的学科，大致具有如下三个特性。

（1）实践性：着重现场调查、勘探试验及长期观测、监测等一系列实践工作，以积累资料、掌握规律，为水利建设提供可靠依据。

（2）区域性：针对开发地区的具体情况，运用相应的有效勘测方法，阐明不同地区的各自特征。如山区、丘陵与平原等地形地质条件不同的地区，其水利勘测的任务要求与工作方法，往往大不相同，不能千篇一律。

（3）综合性：充分考虑各种自然因素之间及其与人类活动相互作用的错综复杂关系，掌握开发地区的全貌及其可能出现的主要问题，为采取较优的水利设施方案提供依据。因此，水利勘测兼有水利科学与地学（测量学、地质学与土壤学等）以及各种勘测、试验技术相互渗透、融合的特色。但通常以地学或地质学为学科基础，以测绘制图和勘探试验成果的综合分析作为基本研究途径，是一门综合性的学科。

（三）水利勘测的沿革

水利勘测是随着水利工程建设需要和经验积累而发展起来的。古埃及尼罗河洪泛农业区，每年汛后都要重新丈量土地，开展测量工作。中国《史记·夏本纪》有公元前21世纪禹治水时"左准绳，右规矩"等测量学萌芽的记载。公元前256～前251年建成的都江堰，通过踏勘和计划使其设施适应当地的地形和地质条件，如修建的宝瓶口引水工程等一直沿用至今。近代水利勘测事业大致从19世纪中叶，随着大规模新垦区、新灌区的开发而兴起。特别是自20世纪30年代以来，许多国家为综合利用水资源修建了不少高坝大库，因而对水利勘测工作提出了更高、更迫切的要求。

自20世纪60年代以来，现代科学技术突飞猛进。水利测量随着电子技术、遥感技术和激光技术的相继发展与应用，已发生了深刻的变革。例如，航空摄影测量已成为主要手段，电磁波测距已取代传统的测距工具，电子计算机已广泛用于测量平差和各种计算。水利工程地质勘察和水文地质调查广泛应用遥感技术和地球物理勘探方法，各种勘探、试验与监测新技术、新方法的不断发明与推广应用，大大提高勘测精度和效率。对水利工程地质问题和水文地质问题的评价和预测则逐步从定性走向定量或半定量，并开始进入模型研究阶段。灌区土壤调查，由于航空照片、卫星照片的土壤判读技术、制图自动化技术、水盐测定新技术等的应用，也显著提高了速度和精度。

中华人民共和国成立以来，通过黄河、长江等大江大河流域规划及数以万计的水库工程的建成，促使水利勘测事业迅速发展。目前已形成一支具有丰富经验和较高技术水平的水利勘测队伍，并初步总结制定了一系列适合中国情况的水利勘测规范和规程。

二、水利工程规划设计的基本原则

水利工程规划是以某一水利建设项目为研究对象的水利规划。水利工程规划通常是在编制工程可行性研究或工程初步设计时进行的。

改革开放以来，随着社会主义市场经济的飞速发展，水利工程对我国国民经济增长具有非常重要的作用。无论是城市水利还是农村水利，它不仅可以保护当地免遭灾害的发生，更有利于当地的经济建设。因此，必须严格坚持科学的发展理念，确保水利工程的顺利实施。在水利工程规划设计中，要切合实际，严格按照要求，以科学的施工理念完成各项任务。

随着经济社会的不断快速发展，水利事业对国民经济的增长发挥着越来越重要的作用，无论是对于农村水利，还是城市水利，其不仅会影响到地区的安全，防止灾害发生，而且能够为地区的经济建设提供足够的帮助。鉴于水利事业的重要性，水利工程的规划设计就必须严格按照科学的理念开展，从而确保各项水利工程能够带来必要的作用。对于科学理念的遵循就是要求在设计当中严格按照相应的原则，从而很好地完成相应的水利工程。总的来说，水利工程规划设计的基本原则包括如下几个部分。

（一）确保水利工程规划的经济性和安全性

就水利工程自身而言，其所包含的要素众多，是一项较为复杂与庞大的工程，不仅包括防止洪涝灾害、便于农田灌溉、支持公民的饮用水等要素，也包括保障电力供应、物资运输等方面的要素，因此对于水利工程的规划设计应该从总体层面入手。在科学的指引下，水利工程规划除了要发挥出其最大的效应，也需要将水利科学及工程科学的安全性要求融入规划当中，从而保障所修建的水利工程项目具有足够的安全性保障，在抗击洪涝灾害、干旱、风沙等方面都具有较为可靠的效果。对于河流水利工程，由于涉及河流侵蚀、泥沙堆积等方面的问题，水利工程就更需进行必要的安全性措施。除了安全性的要求之外，水利工程的规划设计也要考虑到建设成本的问题，这就要求水利工程构建组织对于成本管理、风险控制、安全管理等都具有十分清晰的了解，从而将这些要素进行整合，得到一个较为完善的经济成本控制方法，使得水利工程的建设资金能够投放到最需要的地方，杜绝浪费资金的状况出现。

（二）保护河流水利工程的空间异质的原则

河流水利工程的建设也需要将河流的生物群体进行考虑，而对于生物群体的保护也就构成了河流水利工程规划的空间异质原则。所谓的生物群体也就是指在水利工程所涉及的河流空间范围内所具有的各类生物，其彼此之间的互相影响，并在同外在环境形成默契的情况下进行生活，最终构成了较为稳定的生物群体。河流作为外在的环境，实际上其存在也必须与内在的生物群体的存在相融合，具有系统性的体现，只有维护好这一系统，水利工程项目的建设才能够达到其有效性。作为一种人类的主观性的活动，水利工程建设不可避免地会对整个生态环境造成一定的影响，使得河流出现非连续，最终可能带来不必要的破坏。因此，在进行水利工程规划的时候，有必要对空间异质加以关注。尽管多数水利工程建设并非聚焦于生态目标，而是为了促进经济社会的发展，但在建设当中同样要注意对于生态环境的保护，从而确保所构建的水利工程符合可持续发展的道路。当然，这种对于异质空间保护的思考，有必要对河流的特征及地理面貌等状况进行详细的调查，从而确保所指定的具体水利工程规划能够切实满足当地的需要。

（三）水利工程规划要注重自然力量的自我调节原则

就传统意义上的水利工程而言，对于自然在水利工程中的作用力的关注是极大的，很多项目的开展得益于自然力量，而并非人力。伴随着现代化机械设备的使用，不少水利项目的建设都寄希望于使用先进的机器设备来对整个工程进行控制，但效果往往并非很好。因此，在具体的水利工程建设中，必须将自然的力量结合到具体的工程规划当中，从而在最大限度地维护原有地理、生态面貌的基础上，进行水利工程建设。当然，对于自然力量的运用也需要进行大量的研究，不仅需要对当地的生态面貌等状况进行较为彻底的研究，而且要在建设过程中竭力维护好当地的生态情况，并且防止外来物种对原有生态进行入侵。事实上，自然都有自我恢复功能，而水利工程作为一项人为的工程项目，其对于当地的地理面貌进行的改善也必然会通过大自然的力量进行维护，这就要求所建设的水利工程必须将自身的一系列特质与自然进化要求相融合，从而在长期的自然演化过程中，将自身也逐步融合成为自然的一部分，有利于水利项目长期为当地的经济社会发展服务。

（四）对地域景观进行必要的维护与建设

地域景观的维护与建设也是水利工程规划的重要组成部分，而这也要求所进行的设计必须从长期性角度入手，将水利工程的实用性与美观性加以结合。事实上，在建设过程中，不可避免地会对原有景观造成一定的破坏，这在注意破坏的度的同时，也需要将水利工程的后期完善策略相结合，即在工程建设后期或使用的过程中，对原有的景观进行必要的恢复。当然，整个水利工程的建设应该在尽可能地不破坏原有景观的基础之上开展，但不可避免的破坏也要将其写入建设规划当中。另外，水利工程建设本身就要尽可能具有较好的美观性，而这也能够为地域景观提供一定的补充。总的来说，对于景观的维护应该尽可能从较小的角度入手，这样既能保障所建设的水利工程具备详尽性的特征，而且可以确保每一项小的工程获得很好的完工。值得一提的是，整个水利工程所涉及的景观维护与补充问题都需要进行严格的评价，从而确保所提供的景观不会对原有的生态、地理面貌发生破坏，而这种评估工作也需要涵盖着整个水利工程范围，并有必要向外进行拓展，确保评价的完备性。

(五) 水利工程规划应遵循一定的反馈原则

水利工程设计主要是模仿成熟的河流水利工程系统的结构，力求最终形成一个健康、可持续的河流水利系统。在河流水利工程项目执行以后，就开始了一个自然生态演替的动态过程。这个过程并不一定按照设计预期的目标发展，可能出现多种可能性。针对具体一项生态修复工程实施以后，一种理想的可能是监测到的各变量是现有科学水平可能达到的最优值，表示水利工程能够获得较为理想的使用与演进效果；另一种不理想的情况是，监测到的各生态变量是人们可接受的最低值。在这两种极端状态之间，形成了一个包络图。

三、水利工程规划设计的发展与需求

目前，在对城市水利工程建设当中，把改善水域环境和生态系统作为主要建设目标，同时也是水利现代化建设的重要内容，所以按照现代城市的功能来对流经市区的河流进行归类大致有两类要求。

对河中水流的要求是：水质清洁、生物多样性、生机盎然和优美的水面规划。

对滨河带的要求是：其规划不仅要使滨河带能充分反映当地的风俗习惯和文化底蕴，同时还要有一定的人工景观，供人们休闲、娱乐和活动，另外在规划上也要注意文化氛围的渲染，所形成的景观不仅要有现代的气息，同时还要注意与周围环境的协调性，达到自然环境与人的和谐统一。

这些要求充分体现在经济快速发展的带动下社会的明显进步，这也是水利工程建设发展的必然趋势。这就对水利建设者提出了更高的要求，水利建设者在满足人们的要求的同时，还要在设计、施工和规划方面进行更好的调整和完善，从而使水利工程建设具有更多的人文、艺术和科学气息，使工程不仅起到美化环境的作用，同时还具有一定的欣赏价值。

水利工程不仅实现了人工对山河的改造，同时也起到了防洪抗涝作用，实现了对水资源的合理保护和利用，从而使之更好地服务于人类。水利工程对周围的自然环境和社会环境起到了明显的改善。现在人们越来越重视环境的重要性，所以对环境保护的力度不断地提高，对资源开发、环境保护和生态保护协调发展加大了重视的力度，在这种大背景下，水利工程设计时在强调美学价值的同时，更应注重生态功能的发挥。

四、水利工程设计中对环境因素的影响

(一) 水利工程与环境保护

水利工程有助于改善和保护自然环境。水利工程建设以水资源的开发利用和防止水害为主，其基本功能是改善自然环境，如除涝、防洪，为人们的日常生活提供水资源，保障社会经济健康有序的发展，同时还可以减少大气污染。另外，水利工程项目具有调节水库，改善下游水质等优点。水利工程建设将有助于改善水资源分配，满足经济发展和人类社会的需求，同时，水资源也是维持自然生态环境的主要因素。如果在水资源分配过程中，忽视自然环境对水资源的需求，将会引发环境问题。水利工程对环境工程的影响主要表现在对水资源方面的影响，如河道断流、土地退化、下游绿洲消失、湖泊萎缩等生态环境问题，甚至会导致下游环境恶化。工程的施工同样会给当地环境带来影响。若这些问题不能及时解决，将会限制社会经济的发展。

水利工程既能改善自然环境又能对环境产生负面效应，因此在实际开发建设过程中，要最大限度地保护环境，改善水质，维持生态平衡，将工程效益发挥到最大。要将对环境的保护纳入实际规划设计工作中，并实现可持续

发展。

(二)水利工程建设的环境需求

从环境需求的角度分析建设水利工程项目的可行性和合理性，具体表现在如下几方面。

1. 防洪的需要

兴建防洪工程为人类生存提供基本的保障，这是构建水利工程项目的主要目的。从环境的角度分析，洪水是湿地生态环境的基本保障，如河流下游的河谷生态、新疆的荒漠生态等，都需要定期的洪水泛滥以保持生态平衡。因此，在兴建水利工程时必须要考虑防洪工程对当地生态环境造成的影响。

2. 水资源的开发

水利工程的另一功能是开发利用水资源。水资源不仅是维持生命的基本元素，也是推动社会经济发展的基本保障。水资源的超负荷利用，会造成一系列的生态环境问题。因此，在水资源开发过程中强调水资源的合理利用。

(三)开发土地资源

土地资源是人类赖以生存的保障，通过开发土地，以提高其使用率。针对土地开发利用根据需求和提法的不同分为移民专业和规划专业。移民专业主要是从环境容量、土地的承受能力以及解决的社会问题方面进行考虑。而规划专业的重点则是从开发技术的可行性角度进行分析。改变土地的利用方式多种多样，在前期规划设计阶段要充分考虑环境问题，并制订多种可行性方案，择优进行。

五、水利枢纽概述

水利枢纽是为满足各项水利工程兴利除害的目标，在河流或渠道的适宜地段修建的不同类型水工建筑物的综合体。水利枢纽常以其形成的水库或主体工程——坝、水电站的名称来命名，如三峡大坝、密云水库、罗贡坝、新安江水电站等，也有直接称水利枢纽的，如葛洲坝水利枢纽。

(一) 类型

水利枢纽按承担任务的不同，可分为防洪枢纽、灌溉 (或供水) 枢纽、水力发电枢纽和航运枢纽等。多数水利枢纽承担多项任务，称为综合性水利枢纽。影响水利枢纽功能的主要因素是选定合理的位置和最优的布置方案。水利枢纽工程的位置一般通过河流流域规划或地区水利规划确定。具体位置须充分考虑地形、地质条件，使各个水工建筑物都能布置在安全可靠的地基上，并能满足建筑物的尺度和布置要求，以及施工的必需条件。水利枢纽工程的布置，一般通过可行性研究和初步设计确定。枢纽布置必须使各个不同功能的建筑物在位置上各得其所，在运用中相互协调，充分有效地完成所承担的任务；各个水工建筑物单独使用或联合使用时水流条件良好，上下游的水流和冲淤变化不影响或少影响枢纽的正常运行，总之技术上要安全可靠；在满足基本要求的前提下，要力求建筑物布置紧凑，一个建筑物能发挥多种作用，减少工程量和工程占地，以减小投资；同时要充分考虑管理运行的要求和施工便利，工期短。一个大型水利枢纽工程的总体布置是一项复杂的系统工程，需要按系统工程的分析研究方法进行论证确定。

(二) 枢纽组成

利枢纽主要由挡水建筑物、泄水建筑物、取水建筑物和专门性建筑物组成。

1. 挡水建筑物

在取水枢纽和蓄水枢纽中，为拦截水流、抬高水位和调蓄水量而设的跨河道建筑物，分为溢流坝 (闸) 和非溢流坝两类。溢流坝 (闸) 兼做泄水建筑物。

2. 泄水建筑物

为宣泄洪水和放空水库而设。其形式有岸边溢洪道、溢流坝 (闸)、泄水隧洞、闸身泄水孔或坝下涵管等。

3. 取水建筑物

为灌溉、发电、供水和专门用途的取水而设。其形式有进水闸、引水隧洞和引水涵管等。

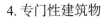

4.专门性建筑物

如：为发电的厂房、调压室，为扬水的泵房、流道，为通航、过木、过鱼的船闸、升船机、筏道、鱼道等。

(三) 枢纽位置选择

在流域规划或地区规划中，某一水利枢纽所在河流中的大体位置已基本确定，但其具体位置还需在此范围内通过不同方案的比较来进行比选。水利枢纽的位置常以其主体——坝 (挡水建筑物) 的位置为代表。因此，水利枢纽位置的选择常称为坝址选择。有的水利枢纽，只需在较狭的范围内进行坝址选择；有的水利枢纽，则需要先在较宽的范围内选择坝段，然后在坝段内选择坝址。例如，三峡水利枢纽，就曾先在三峡出口的南津关坝段及其上游 30~40km 处的美人坨坝段进行比较。前者的坝轴线较短，坝体工程量较小，发电量稍大，但地下工程较多，特别是地质条件、水工布置和施工条件远差于后者，因而选定了美人坨坝段。在这一坝段中，又选择了太平溪和三斗坪两个坝址进行比较。两者的地质条件基本相同，前者坝体工程量较小，但后者便于枢纽布置，特别是便于施工，最后，选定了三斗坪坝址。

(四) 划分等级

水利枢纽常按其规模、效益和对经济、社会影响的大小进行分等，并将枢纽中的建筑物按其重要性进行分级。对级别高的建筑物，在抗洪能力、强度和稳定性、建筑材料、运行的可靠性等方面都要求高一些，反之就要求低一些，以达到既安全又经济的目的。

划分依据：工程规模、效益和在国民经济中的重要性。

(五) 水利枢纽工程

指水利枢纽建筑物 (含引水工程中的水源工程) 和其他大型独立建筑物。包括挡水工程、泄洪工程、引水工程、发电厂工程、升压变电站工程、航运工程、鱼道工程、交通工程、房屋建筑工程和其他建筑工程。其中，挡水工程等前七项为主体建筑工程。

(1) 挡水工程。包括挡水的各类坝 (闸) 工程。

（2）泄洪工程。包括溢洪道、泄洪洞、冲砂孔（洞）、放空洞等工程。

（3）引水工程。包括发电引水明渠、进水口、隧洞、调压井、高压管道等工程。

（4）发电厂工程。包括地面、地下各类发电厂工程。

（5）升压变电站工程。包括升压变电站、开关站等工程。

（6）航运工程。包括上下游引航道、船闸、升船机等工程。

（7）鱼道工程。根据枢纽建筑物布置情况，可独立列项。与拦河坝相结合的，也可作为拦河坝工程的组成部分。

（8）交通工程。包括上坝、进厂、对外等场内外永久公路、桥涵、铁路、码头等交通工程。

（9）房屋建筑工程。包括为生产运行服务的永久性辅助生产建筑、仓库、办公、生活及文化福利等房屋建筑和室外工程。

（10）其他建筑工程。包括内外部观测工程，动力线路（厂坝区），照明线路，通信线路，厂坝区及生活区供水、供热、排水等公用设施工程，厂坝区环境建设工程，水情自动测报工程及其他。

六、拦河坝水利枢纽布置

拦河坝水利枢纽是为解决来水与用水在时间和水量分配上存在的矛盾，修建的以挡水建筑物为主体的建筑物综合运用体，又称水库枢纽，一般由挡水、泄水、放水及某些专门性建筑物组成。将这些作用不同的建筑物相对集中布置，并保证它们在运行中良好配合的工作，就是拦河水利枢纽布置。

拦河水利枢纽布置应根据国家水利建设的方针，依据流（区）域规划，从长远着眼，结合近期的发展需要，对各种可能的枢纽布置方案进行综合分析、比较，选定最优方案，然后严格按照水利枢纽的基建程序，分阶段有计划地进行规划设计。

拦河水利枢纽布置的主要工作内容有坝址、坝型选择和枢纽工程布置等。

（一）坝址及坝型选择

坝址及坝型选择的工作贯穿于各设计阶段之中，并且是逐步优化的。

在可行性研究阶段，一般是根据开发任务的要求，分析地形、地质及施工等条件,初选几个可能筑坝的地段(坝段)和若干条有代表性的坝轴线,通过枢纽布置进行综合比较,选择其中最有利的坝段和相对较好的坝轴线,进而提出推荐坝址。先在推荐坝址上进行枢纽工程布置,再通过方案比较,初选基本坝型和枢纽布置方式。

在初步设计阶段,要进一步进行枢纽布置,通过技术经济比较,选定最合理的坝轴线,确定坝型及其他建筑物的形式和主要尺寸,并进行具体的枢纽工程布置。

在施工详图阶段,随着地质资料和试验资料的进一步深入和详细化,对已确定的坝轴线、坝型和枢纽布置做最后的修改和定案,并且做出能够依据施工的详图。

坝轴线及坝型选择是拦河水利枢纽设计中的一项很重要的工作,具有重大的技术经济意义,两者是相互关联的,影响因素也是多方面的,不仅要研究坝址及其周围的自然条件,还需考虑枢纽的施工、运用条件、发展远景和投资指标等。需进行全面论证和综合比较后,才能做出正确的判断和选择合理的方案。

1. 坝址选择

选择坝址时,应综合考虑下述条件:

(1)地质条件。地质条件是建库建坝的基本条件,是衡量坝址优劣的重要条件之一,在某种程度上决定着兴建枢纽工程的难易。工程地质和水文地质条件是影响坝址、坝型选择的重要因素,且往往起决定性作用。

选择坝址,首先要清楚有关区域的地质情况。坚硬完整、无构造缺陷的岩基是最理想的坝基,但如此理想的地质条件很少见,天然地基总会存在这样或那样的地质缺陷,要看能否通过适宜的地基处理措施使其达到筑坝的要求。在该方面必须注意的是:不能疏漏重大地质问题,对重大地质问题要有正确的定性判断,以便决定坝址的取舍或定出防护处理的措施,或在坝址选择和枢纽布置上设法适应坝址的地质条件。对存在破碎带、断层、裂隙、喀斯特溶洞、软弱夹层等坝基条件较差的,还有地震地区,应作充分的论证和可靠的技术措施。坝址选择还必须对区域地质稳定性和地质构造复杂性以及水库区的渗漏、库岸塌滑、岸坡及山体稳定等地质条件做出评价和论证。各种坝型及坝高对地质条件有不同的要求。如拱坝对两岸坝基的要求很高,支墩坝对地基要求也高，次之为重力坝，土石坝要求最低。一般较高的混凝土坝多要求建在岩基上。

（2）地形条件。坝址地形条件必须满足开发任务对枢纽组成建筑物的布置要求。通常，河谷两岸有适宜的高度和必需的挡水前缘宽度时，则对枢纽布置有利。一般来说，坝址河谷狭窄，坝轴线较短，坝体工程量较小，但河谷太窄则不利于泄水建筑物、发电建筑物、施工导流及施工场地的布置，有时反不如河谷稍宽处有利。除考虑坝轴线较短外，对坝址选择还应结合泄水建筑物、施工场地的布置和施工导流方案等综合考虑。枢纽上游最好有开阔的河谷，以便在淹没损失尽量小的情况下，能获得较大的库容。

坝址地形条件还必须与坝型相互适应，例如：拱坝要求河谷窄狭；土石坝适应河谷宽阔、岸坡平缓、坝址附近或库区内有高程合适的天然埋口，并且方便归河，以便布置河岸式溢洪道。岸坡过陡，会使坝体与岸坡接合处削坡量过大。对于通航河道，还应注意通航建筑的布置、上河及下河的条件是否有利。对有暗礁、浅滩或陡坡、急流的通航河流，坝轴线宜选在浅滩稍下游或急流终点处，以改善通航条件。有瀑布的不通航河流，坝轴线宜选在瀑布稍上游处以节省大坝工程量。对于多泥沙河流及有漂木要求的河道，应注意坝址位段对取水防沙及漂木是否有利。

（3）建筑材料。在选择坝址、坝型时，当地材料的种类、数量及分布往往起决定性影响。对土石坝，坝址附近应有数量足够、质量能符合要求的土石料场；如为混凝土坝，则要求坝址附近有良好级配的砂石骨料。料场应便于开采、运输，且施工期间料场不会因淹没而影响施工。所以对建筑材料的开采条件、经济成本等，应进行认真的调查和分析。

（4）施工条件。从施工角度来看，坝址下游应有较开阔的滩地，以便布置施工场地、场内交通和进行导流。应对外交通方便，附近有廉价的电力供应，以满足照明及动力的需要。从长远利益来看，施工的安排应考虑今后运用、管理的方便。

（5）综合效益。坝址选择要综合考虑防洪、灌溉、发电、通航城市和工业用水、渔业以及旅游等各部门的经济效益，还应考虑上游淹没损失以及蓄水枢纽对上、下游生态环境各方面的影响。兴建蓄水枢纽将形成水库，使大片原来的陆相地表和河流型水域变为湖泊型水域，改变了地区自然景观，对自然生态和社会经济产生多方面的环境影响。其有利影响是发展了水电、灌溉、供水、养殖、旅游等水利事业和解除洪水灾害、改善气候条件等，但是，也会给人类带来诸如淹没损失、浸没损失、土壤盐碱化或沼泽化、水库淤积、库区塌岸或滑坡、诱发地震、使水温、水质及卫生条件恶化、生态平衡受到破坏以及造成下游冲刷，河床演变等不利影响。虽然水库对环境的不利影响与水库带给人类的社会经济效益相比，一般说来，居次要地位，但处理不当也会造成严重的危害，故在进行水利规划和坝址选择时，必须对生态环境影响问题进行认真研究，并作为方案比较的因素之一加以考虑。不同的坝址、坝型对防洪、灌溉、发电、给水、航运等要求也不相同。至于是否经济，要根据枢纽总造价来衡量。

归纳上述条件，优良的坝址应是：地质条件好、地形有利、位置适宜、方便施工造价低、效益好。所以应全面考虑、综合分析，进行多种方案比较，合理解决矛盾，选取最优成果。

2. 坝型选择

常见的坝型有土石坝、重力坝及拱坝等。坝型选择仍取决于地质、地形、建材及施工、运用等条件。

（1）土石坝。在筑坝地区，若交通不便或缺乏建材，而当地既有充足实用的土石料，地质方面无大的缺陷，又有适宜的布置河岸式溢洪道的有利地形时，则可就地取材，优先选用土石坝。随着设计理论、施工技术和施工机械方面的发展，近年来，土石坝修建的数量已有明显的增长，而且其施工期较短，造价远低于混凝土坝。我国在中小型工程中，土石坝占有很大的比重。目前，土石坝是世界坝工建设中应用最为广泛和发展最快的一种坝型。目前已建、在建混凝土面板堆石坝74座，其中坝高在100m以上的有12座；已建最高的广西天生桥一级178m；在建的水布垭坝高232m，为该坝型世界最高；完成设计待建的坝高100m以上的还有19座；南水北调西线的通天河引水与大渡河引水方案，需建面板堆石坝，坝高方案为296～348m，且位于地震区。

（2）重力坝。有较好的地质条件，当地有大量的砂石骨料可以利用，交通又比较方便时，一般多考虑修筑混凝土重力坝。可直接由坝顶溢洪，而不需另建河岸溢洪道，抗震性能也较好。我国目前已建成的三峡大坝是世界上最大的混凝土浇筑实体重力坝。

（3）拱坝。当坝址地形为 V 形或 U 形狭窄河谷，且两岸坝肩岩基良好时，则可考虑选用拱坝。它工程量小，比重力坝节省混凝土量 1/2～2/3，造价较低，工期短，也可从坝顶或坝体内开孔泄洪，因而也是近年来发展较快的一种坝型。已建成的二滩混凝土拱坝高 240m，在建的小湾混凝土拱坝高 292m，待建的溪洛渡混凝土拱坝高 278m。另外，我国西南地区还修建了大量的浆砌石拱坝。

（二）枢纽的工程布置

拦河筑坝以形成水库是拦河蓄水枢纽的主要特征。其组成建筑物除拦河坝和泄水建筑物外，根据枢纽任务还可能包括输水建筑物、水电站建筑物和过坝建筑物等。枢纽布置主要是研究和确定枢纽中各个水工建筑物的相互位置。该项工作涉及泄洪、发电、通航、导流等各项任务，并与坝址、坝型密切相关，需统筹兼顾，全面安排，认真分析，全面论证，最后通过综合比较，从若干个比较方案中选出最优的枢纽布置方案。

1. 枢纽布置的原则

进行枢纽布置时，一般可遵循下述原则。

（1）为使枢纽能发挥最大的经济效益，进行枢纽布置时，应综合考虑防洪、灌溉、发电、航运、渔业、林业、交通、生态及环境等各方面的要求。应确保枢纽中各主要建筑物，在任何工作条件下都能协调地、无干扰地进行正常工作。

（2）为方便施工、缩短工期和能使工程提前发挥效益，枢纽布置应同时考虑便是与施工进度计划等进行综合分析研究。工程实践证明，统筹行当不仅能方便施工，还能使部分建筑物提前发挥效益。

枢纽布置应做到在满足安全和运行管理要求的前提下，尽量降低枢纽总造价和年运行费用；如有可能，应考虑使一个建筑物能发挥多种作用。例如，使一条陪同做到灌溉和发电相结合；施工导流与泄洪、排沙、放空水库相结合等。

（3）在不过多增加工程投资的前提下，枢纽布置应与周围自然环境相协调，应注意建筑艺术、力求造型美观，加强绿化环保，因地制宜地将人工环

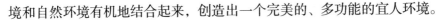

境和自然环境有机地结合起来，创造出一个完美的、多功能的宜人环境。

2.枢纽布置方案的选定

水利枢纽设计需通过论证比较，从若干个枢纽布置方案中选出一个最优方案。最优方案应该是技术上先进和可能、经济上合理、施工期短、运行可靠以及管理维修方便的方案。需论证比较的内容如下：

（1）主要工程量。如土石方、混凝土和钢筋混凝土、砌石、金属结构、机电安装、帷幕和固结灌浆等工程量。

（2）主要建筑材料数量。如木材、水泥、钢筋、钢材、砂石和炸药等用量。

（3）施工条件。如施工工期、发电日期、施工难易程度、所需劳动力和施工机械化水平等。

（4）运行管理条件。如泄洪、发电、通航是否相互干扰、建筑物及设备的运用操作和检修是否方便，对外交通是否便利等。

（5）经济指标。指总投资、总造价、年运行费用、电站单位千瓦投资、发电成本、单位灌溉面积投资、通航能力、防洪以及供水等综合利用效益等。

（6）其他。根据枢纽具体情况，需专门进行比较的项目。如在多泥沙河流上兴建水利枢纽时，应注重泄水和取水建筑物的布置对水库淤积、水电站引水防沙和对下游河床冲刷的影响等。

上述项目有些可定量计算，有些则难以定量计算，这就给枢纽布置方案的选定增加了复杂性，因而，必须以国家研究制定的技术政策为指导，在充分掌握基本资料的基础上，以科学的态度，实事求是地全面论证，通过综合分析和技术经济比较选出最优方案。

3.枢纽建筑物的布置

（1）挡水建筑物的布置。为了减少拦河坝的体积，除拱坝外，其他坝型的坝轴线最好短而直，但根据实际情况，有时为了利用高程较高的地形以减少工程量，或为避开不利的地质条件，或为便于施工，也可采用较长的直线或折线或部分曲线。

当挡水建筑物兼有连通两岸交通干线的任务时，坝轴线与两岸的连接在转弯半径与坡度方面应满足交通上的要求。

对于用来封闭挡水高程不足的山垭口的副坝，不应片面追求工程量小，而将坝轴线布置在垭口的山脊上。这样的坝坡可能产生局部滑动，容易使坝体产生裂缝。在这种情况下，一般将副坝的轴线布置在山脊略上游处，避免下游出现贴坡式填土坝坡；如下游山坡过陡，还应适当削坡以满足稳定要求。

（2）泄水及取水建筑物的布置。泄水及取水建筑物的类型和布置，常决定于挡水建筑物所采用的坝型和坝址附近的地质条件。

土坝枢纽：土坝枢纽一般均采用河岸溢洪道作为主要的泄水建筑物，而取水建筑物及辅助的泄水建筑物，则采用开凿于两岸山体中的隧洞或埋于坝下的涵管。若两岸地势陡峭，但有高程合适的马鞍形垭口，或两岸地势平缓且有马鞍形山脊，以及需要修建副坝挡水的地方，其后又有便于洪水归河的通道，则是布置河岸溢洪道的良好位置。如果在这些位置上布置溢洪道进口，但其后的泄洪线路是通向另一河道的，只要经济合理且对另一河道的防洪问题能做妥善处理的，也是比较好的方案。对于上述利用有利条件布置溢洪道的土坝枢纽，枢纽中其他建筑物的布置一般容易满足各自的要求，干扰性也较小。当坝址附近或其上游较远的地方均无上述有利条件时，则常采用坝肩溢洪道的布置形式。

重力坝枢纽：对于混凝土或浆砌石重力坝枢纽，通常采用河床式溢洪道（溢流坝段）作为主要泄水建筑物，而取水建筑物及辅助的泄水建筑物采用设置于坝体内的孔道或开凿于两岸山体中的隧洞。泄水建筑物的布置应使下泄水流方向尽量与原河流轴线方向一致，以利于下游河床的稳定。沿坝轴线上地质情况不同时，溢流坝应布置在比较坚实的基础上。

在含沙量大的河流上修建水利枢纽时，泄水及取水建筑物的布置应考虑水库淤积和对下游河床冲刷的影响，一般在多泥沙河流上的枢纽中，常设置大孔径的底孔或隧洞，汛期用来泄洪并排沙，以延长水库寿命；如汛期洪水中带有大量悬移质的细微颗粒时，应研究采用分层取水结构并利用泄水排沙孔来解决浊水长期化问题，减轻对环境的不利影响。

（3）电站、航运及过木等专门建筑物的布置。对于水电站、船闸、过木等专门建筑物的布置，最重要的是保证它们具有良好的运用条件，并便于管理。关键是进、出口的水流条件。布置时，须选择好这些建筑物本身及其进、出口的位置，并处理好它们与泄水建筑物及其进、出口之间的关系。

电站建筑物的布置应使通向上、下游的水道尽量短、水流平顺，水头损失小，进水口应不致被淤积或受到冰块等的冲击；尾水渠应有足够的深度和宽度，平面弯曲度不大，且深度逐渐变化，并与自然河道或渠道平顺连接；泄水建筑物的出口水流或消能设施，应尽量避免抬高电站尾水位。此外，电站厂房应布置在好的地基上，以简化地基处理，同时还应考虑尾水管的高程，避免石方开挖过大；厂房位置还应争取布置在可以先施工的地方，以便早日投入运转。电站最好靠近临交通线的河岸，密切与公路或铁路的联系，便于设备的运输；变电站应有合理的位置，应尽量靠近电站。航运设施的上游进口及下游出口处应有必要的水深，方向顺直并与原河道平顺连接，而且没有或仅有较小的横向水流，以保证船只、木筏不被冲入溢流孔口，船闸和码头或筏道及其停泊处通常布置在同一侧，不宜横穿溢流坝前缘，并使船闸和码头或筏道及其停泊处之间的航道尽量地短，以便在库区内风浪较大时仍能顺利通航。

船闸和电站最好分别布置于两岸，以免施工和运用期间的干扰。如必须布置在同一岸时，则水电站厂房最好布置在靠河一侧，船闸则靠河岸或切入河岸中布置，这样易于布置引航道。筏道最好布置在电站的另一岸。筏道上游常需设停泊处，以便重新绑扎木或竹筏。

在水利枢纽中，通航、过木以及过鱼等建筑物的布置均应与其形式和特点相适应，以满足正常的运用要求。

第二节 水库施工

一、水库施工的要点

(一) 做好前期设计工作

水库工程设计单位必须明确设计的权利和责任，对于设计规范，由设计单位在设计过程中实施质量管理。设计的流程和设计文件的审核，设计标准和设计文件的保存和发布等一系列环节都必须依靠工程设计质量控制体系。在设计交接时，由设计单位派出设计代表，做好技术交接和技术服务工作。在交接过程中，要根据现场施工的情况，对设计进行优化，进行必要的调整和变更。对于项目建设过程中确有需要的重大设计变更、子项目调整、建设标准调整、概算调整等，必须组织开展充分的技术论证，由业主委员会提出编制相应文件，报上级部门审查，并报请项目原复核、审批单位履行相应手续；一般设计变更，项目主管部门和项目法人等也应及时履行相应审批程序。由监理审查后报总工批准。对设计单位提交的设计文件，先由业主总工审核后交监理审查，不经监理工程师审查批准的图纸，不能交付施工。坚决杜绝以"优化设计"为名，人为擅自降低工程标准、减少建设内容，造成安全隐患。

（二）强化施工现场管理

严格进行工程建设管理，认真落实项目法人责任制、招标投标制、建设监理制和合同管理制，确保工程建设质量、进度和安全。业主与施工单位签订的施工承包合同条款中的质量控制、质量保证、要求与说明，承包商根据监理指示，必须遵照执行。承包商在施工过程中必须坚持"三检制"的质量原则，在工序结束时必须经业主现场管理人员或监理工程师值班人员检查、认可，未经认可不得进入下道工序施工，对关键的施工工序，均建立有完整的验收程序和签证制度，甚至监理人员跟班作业。施工现场值班人员采用旁站形式跟班监督承包商按合同要求进行施工，把握住项目的每一道工序，坚持做到"五个不准"。为了掌握和控制工程质量，及时了解工程质量情况，对施工过程的要素进行核查，并做出施工现场记录，换班时经双方人员签字，值班人员对记录的完整性和真实性负责。

（三）加强管理人员协商

为了协调施工各方关系，业主驻现场工程处每日召开工程现场管理人员碰头会，检查每日工程进度情况、施工中存在的问题，提出改进工作的意见。监理部每月5日、25日召开施工单位生产协调会议，由总监主持，重点解决急需解决的施工干扰问题，会议形成纪要文件，结束承包商按工程师的决定执行。根据《工程质量管理实施细则》，施工质量责任按"谁施工谁负责"的原则，承包商加强自检工作，并对施工质量终身负责，坚决执行"质量一票否决权"制度，出现质量事故严格按照事故处理"三不放过"的原则严肃处理。

(四) 构建质量监督体系

水库工程质量监督可通过查、看、问、核的方式实施工程质量的监督。查，即抽查；严格地抽查参建各方的有关资料，如抽查监理单位的监理实施细则、监理日志，抽查施工单位的施工组织设计、施工日志、监测试验资料等。看，即查看工程实物；通过对工程实物质量的查看，可以判断有关技术规范、规程的执行情况。一旦发现问题，应及时提出整改意见。问，即查问参建对象；通过对不同参建对象的查问，了解相关方的法律、法规及合同的执行情况，一旦发现问题，及时处理。核，即核实工程质量；工程质量评定报告体现了质量监督的权威性，同时对参建各方的行为也起到监督作用。

(五) 选取泄水建筑物

水库工程泄水建筑物类型有两种——表面溢洪道和深式泄水洞，其主要作用是输沙和泄洪。不管属于哪种类型，其底板高程的确定是重点，具体有两方面要求应考虑。

(1) 根据《堤防工程设计规范》(GB50286-2013)防洪标准的要求，我国现阶段防洪标准与30年前相比，有所降低。在调洪演算过程中，若以原底板高程为准确定的坝顶高程，低于现状坝顶高程，会造成现状坝高的严重浪费。因此，在满足原库区淹没线前提下，除险加固底板高程应适当抬高，同时对底板抬高前后进行经济和技术对比，确保现状坝高充分利用。

(2) 对泄水建筑物进口地形的测量应做到精确无误，并根据实测资料分析泄洪洞进口淤积程度，有无阻死进口现象，是否会影响水库泄洪，对抬高底板的多少应进行经济分析，同时分析下游河道泄流能力。

(六) 合理确定限制水位

通常一些水库防洪标准是否应降低需根据坝高以及水头高度而定。若15m以下坝高土坝且水头小于10m，应采用平原区标准，此类情况水库防洪标准相应降低。调洪时保证起调水位合理性应分析考虑两点：第一，若原水库设计中无汛期限制水位，仅存在正常蓄水位时，在调洪时应以正常蓄水位作为起调水位；第二，若原计划中存在汛期限制水位，则应该把原汛期限制水位当作参考依据，同时对水库汛期后蓄水情况做相应的调查，分析水库管理积累的蓄水资料，总结汛末规律，径流资料从水库建成至今，汛末至第二年灌溉用水止，若蓄至正常蓄水位年份占水库运行年限比例应小于20%，应利用水库多年的来水量进行适当插补延长，重新确定汛期限制水位，对水位进行起调。若蓄至正常蓄水位的年份占水库运行年限的比例大于20%，应采用原汛期限制水位为起调水位。

(七) 精细计算坝顶高程

近年来，我国防洪标准有所降低，若采用起调水位进行调洪，坝顶高程与原坝顶高程会在计算过程中产生较大误差，因此确定坝顶高程应利用现有水利资源，以现有坝顶高程为准进行调洪，直至计算坝顶高程接近现状坝顶高程为止。这种做法的优点是利用现有水利资源，相对提高了水库的防洪能力。

二、水库帷幕灌浆施工

根据灌浆设计要求，帷幕灌浆前由施工单位在左、右坝肩分别进行灌浆试验，进一步确定选定工艺对应下的灌浆孔距、灌浆方法、灌浆单注量和灌浆压力等主要技术参数及控制指标。

(一) 钻孔

灌浆孔测量定位后，钻孔采用100型或150型回转式地质钻机，直径91mm金刚石或硬质合金钻头。设计孔深17.5～48.9m，按单排2m孔距沿坝轴线布孔，分3个序次逐渐加密灌浆。钻孔具体要求如下：

(1) 所有灌浆孔按照技施图认真统一编号，精确测量放线并报监理复核，复核认可后方可开钻。开孔位置与技施图偏差>2cm，最后终孔深度应符合设计规定。若需要增加孔深，必须取得监理及设计人员的同意。

(2) 施工中高度重视机械操作及用电安全，钻机安装要平正牢固，立轴铅直。开孔钻进采用较长粗径钻具，并适当控制钻进速度及压力。井口管埋

设好后，选用较小口径钻具继续钻孔。若孔壁坍塌，应考虑跟管钻进。

（3）钻孔过程中应进行孔斜测量，每个灌段（5m左右）测斜一次。各孔必须保证铅直，孔斜率≤1%。测斜结束，将测斜值记录汇总，如发现偏斜超过要求，确认对帷幕灌浆质量有影响，应及时纠正或采取补救措施。

（4）对设计和监理工程师要求的取芯钻孔，应对岩层、岩性以及孔内各种情况进行详细记录，统一编号，填牌装箱，采用数码摄像，进行岩芯描述并绘制钻孔柱状图。

（5）如钻孔出现塌孔或掉块难以钻进时，应先采取措施进行处理，再继续钻进。如发现集中漏水，应立即停钻，查明漏水部位、漏水量及原因，处理后再进行钻进。

（6）钻孔结束等待灌浆或灌浆结束等待钻进时，孔口应堵盖，妥善加以保护，防止杂物掉入而影响下一道工序的实施和灌浆质量。

(二) 洗孔

（1）压力水进行裂隙冲洗，直至回水清净为止。冲洗压力为灌浆压力的80%，该值若 >1MPa 时，采用 1MPa。

（2）帷幕灌浆孔（段）因故中断时间间隔超过 24h 的应在灌浆前重新进行冲洗。

(三) 制浆材料及浆液搅拌

该工程帷幕灌浆主要为基础处理，灌入浆液为纯水泥浆，采用32.5普通硅酸盐水泥，用150L灰浆搅拌机制浆。水泥必须有合格卡，每个批次水泥必须附生产厂家质量检验报告。施工用水泥必须严格按照水泥配制表认真投放，称量误差 <3%。受湿变质硬化的水泥一律不得使用。施工用水采用经过水质分析检测合格的水库上游来水，制浆用水量严格按搅浆桶容积准确兑放。水泥浆液必须搅拌均匀，拌浆时用150L普通电动搅拌机，搅拌时间不少于 3min，浆液在使用前过筛，从开始制备至用完时间 <4h。

(四) 灌前压水试验

施工中按自上而下分段卡塞进行压水试验。所有工序灌浆孔按简易压水（单点法）进行，检查孔采用五点法进行压水试验。工序灌浆孔压水试验的压力值，按灌浆压力的0.6倍使用，但最大压力不能超过设计水头的1.5倍。压水试验前，必须先测量孔内安定水位，检查止水效果，效果良好时，才能进行压水试验。压水设备、压力表、流量表（水表）的安装及规格、质量必须符合规范要求，具体按《水利水电工程钻孔压水试验规程》（SL 31-2003）执行。压水试验稳定标准：压力调到规定数值，持续观察，待压力波动幅度很小，基本保持稳定后，开始读数，每5min测读一次压入流量，当压入流量读数符合标准时，压水即可结束，并以最有代表性流量读数作为计算值。

（五）灌浆工艺选定

1. 灌浆方法

基岩部分采用自上而下孔内循环式分段灌注，射浆管口距孔底≤50cm，灌段长5~6m。

2. 灌浆压力

采用循环式纯压灌浆，压力表安装在孔口进浆管路上。

3. 浆液配制

灌浆浆液的浓度按照由稀到浓、逐级调整的原则进行。水灰比按5:1、3:1、2:1、1:1、0.8:1、0.6:1、0.5:1七个级逐级调浓使用，起始水灰比5:1。

4. 浆液调级

当灌浆压力保持不变，吃浆量持续减少，或当注入率保持不变而灌浆压力持续升高时，不得改变水灰比级别；当某一比级浆液的注入浆量超过300L以上或灌浆时间已达1h，而灌浆压力和注入率均无改变或变化不明显时，应改浓一级；当耗浆量>30L/min，检查证明没有漏浆、冒浆情况时，应立即越级变换浓浆灌注；灌浆过程中，灌浆压力突然升高或降低，变化较大，或吃浆量突然增加很多，应高度重视，及时汇报值班技术人员进行仔细分析查明原因，并采取相应的调整措施。灌浆过程中如回浆变浓，宜换用相同水灰比新浆进行灌注，若效果不明显延续灌注30min，即可停止灌注。

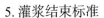

5. 灌浆结束标准

在规定压力下，当注入率≤ L/min 时，继续灌注90min；当注入率≤0.4L/min 时，继续灌注60min，可结束灌浆。

6. 封孔

单孔灌浆结束后，必须及时做好封孔工作。封孔前由监理工程师、施工单位、建设单位技术员共同及时进行单孔验收。验收合格采用全孔段压力灌浆封孔，浆液配比与灌浆浆液相同，即灌什么浆用什么浆封孔，直至孔口不再下沉为止，每孔限3d封好。

（六）灌浆过程中特殊情况处理

冒浆、漏浆、串浆处理：在灌浆过程中，应加强巡查，发现岸坡或井口冒浆、漏浆现象，可立即停灌，及时分析找准原因后采取嵌缝、表面封堵、低压、浓浆、限流、限量、间歇灌浆等具体方法处理。相邻两孔发生串浆时，如被串孔具备灌浆条件，可采用串通的两个孔同时灌浆，即同时两台泵分别灌两个孔。另一种方法是先将被串孔用木塞塞住，继续灌浆，待串浆孔灌浆结束，再对被串孔重新扫孔、洗孔、灌浆和钻进。

（七）灌浆质量控制

首先是灌浆前质量控制，灌浆前对孔位、孔深、孔斜率、孔内止水等各道工序进行检查验收，坚持执行质量一票否决制，上一道工序未经检验合格，不得进行下道工序的施工。其次是灌浆过程中质量控制，应严格按照设计要求和施工技术规范控制灌浆压力、水灰比、变浆标准等，并严把灌浆结束标准关，使灌浆主要技术参数均满足设计和规范要求。灌浆全过程质量控制先在施工单位内部实行三检制，三检结束报监理工程师最后检查验收，质量评定。为保证中间产品及成品质量，监理单位质检员必须坚守工作岗位，实时掌控施工进度，严格控制各个施工环节，做到多跑、多看、多问，发现问题及时解决。施工中应认真做好原始记录，资料档案汇总整理及时归档。因灌浆系地下隐蔽工程，其质量效果判断主要手段之一是依靠各种记录统计资料，没有完整、客观、详细的施工原始记录资料就无法对灌浆质量进行科学合理的评定。最后是灌浆结束质量检验，所有灌浆生产孔结束14d后，按

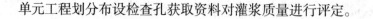

单元工程划分布设检查孔获取资料对灌浆质量进行评定。

三、水库除险加固

土坝需要检查是否有上下游贯通的孔洞，防渗体是否有破坏、裂缝，是否有过大的变形，造成垮塌的迹象。混凝土坝需要检查混凝土的老化、钢筋的锈蚀程度等，是否存在大幅度的裂缝。还有进、出水口的闸门、渠道、管道是否需要更换、修复等。库区范围内是否有滑坡体、山坡蠕变等问题。

（一）病险水库的治理

（1）继续加强病险水库除险加固建设进度必须半月报制度，按照"分级管理，分级负责"的原则，各级政府都应该建立相应的专项治理资金。每月对地方的配套资金应该到位、投资的完成情况、完工情况、验收情况等进行排序，采取印发文件和网站公示等方式向全国通报。通过信息报送和公示，实时掌握各地进展情况，动态监控，及时研判，分析制约年底完成3年目标任务的不利因素，为下一步工作提供决策参考。同时，结合病险水库治理的进度，积极稳妥地搞好小型水库的产权制度改革。有除险加固任务的地方也要层层建立健全信息报送制度，指定熟悉业务、认真负责的人员具体负责，保证数据报送及时、准确。同时，对全省、全市所有正在进行的项目进展情况进行排序，与项目的政府主管部门责任人和建设单位责任人名单一并公布，以便接受社会监督。病险水库加固规划时，应考虑增设防汛指挥调度网络及水文水情测报自动化系统、大坝监测自动化系统等先进的管理设施。而且要对不能满足需要的防汛道路及防汛物资仓库等管理设施一并予以改造。

（2）加强管理，确保工程的安全进行，督促各地进一步加强对病险水库除险加固的组织实施和建设管理，强化施工过程的质量与安全监管，以确保工程质量和施工的安全，确保目标任务全面完成。一是要狠抓建设管理，认真地执行项目法人的责任制、招标投标制、建设监理制，加强对施工现场组织和建设管理、科学调配施工力量，努力调动参建各方积极性，切实地把项目组织好、实施好。二是狠抓工作重点，把任务重、投资多、工期长的大中型水库项目作为重点，把项目多的市县作为重点，有针对性地开展重点指导、重点帮扶。三是狠抓工程验收，按照项目验收计划，明确验收责任主体，科学组织，严格把关，及时验收，确保项目年底前全面完成竣工验收或投入使用验收。四是狠抓质量关与安全，强化施工过程中的质量与安全监管，建立完善的质量保证体系，真正地做到建设单位认真负责、监理单位有效控制、施工单位切实保证、政府监督务必到位，确保工程质量和施工一切安全。

(二) 水库除险加固的施工

加强对施工人员的文明施工宣传，加强教育，统一思想，使广大干部职工认识到文明施工是企业形象、队伍素质的反映，是安全生产的必要保证，增强现场管理和全体员工文明施工的自觉性。在施工过程中协调好与当地居民、当地政府的关系，共建文明施工窗口。明确各级领导及有关职能部门和个人的文明施工的责任和义务，从思想上、管理上、行动上、计划上和技术上重视起来，切实地提高现场文明施工的质量和水平。健全各项文明施工的管理制度，如岗位责任制、会议制度、经济责任制、专业管理制度、奖罚制度、检查制度和资料管理制度。对不服从统一指挥和管理的行为，要按条例严格执行处罚。在开工前，全体施工人员认真学习水库文明公约，遵守公约的各种规定。在现场施工过程中，施工人员的生产管理符合施工技术规范和施工程序要求，不违章指挥，不蛮干。对施工现场不断进行整理、整顿、清扫、清洁，有效地实现文明施工。合理布置场地，各项临时施工设施必须符合标准要求，做到场地清洁、道路平顺、排水通畅、标志醒目、生产环境达到标准要求。按照工程的特点，加强现场施工的综合管理，减少现场施工对周围环境的一切干扰和影响。自觉接受社会监督。要求施工现场坚持做到工完料清，垃圾、杂物集中堆放整齐，并及时地处理；坚持做到场地整洁、道路平顺、排水畅通、标志醒目，使生产环境标准化，严禁施工废水乱排放，施工废水严格按照有关要求经沉淀处理后用于洒水降尘。加强施工现场的管理，严格按照有关部门审定批准的平面布置图进行场地建设。临时建筑物、构成物要求稳固、整洁、安全，并且满足消防要求。施工场地采用全封闭的围挡形成，施工场地及道路按规定进行硬化，其厚度和强度要满足施工和行车的需要。按设计架设用电线路，严禁任意拉线接电，严禁使用所有的电炉和明火烧煮食物。施工场地和道路要平坦、通畅并设置相应的安全防护设施及安全标志。按要求进行工地主要出入口设置交通指令标志和警示灯，安排专人疏导交通，保证车辆和行人的安全。工程材料、制品构件分门别类、有条有理地堆放整齐；机具设备定机、定人保养，并保持运行正常、机容整洁。同时在施工中严格按照审定的施工组织设计实施各道工序，做到工完料清，场地上无淤泥积水，施工道路平整畅通，以实现文明施工合理安排施工，尽可能使用低噪声设备严格控制噪声，对于特殊设备要采取降噪声措施，以尽可能地减少噪声对周边环境的影响。现场施工人员要统一着装，一律佩戴胸卡和安全帽，遵守现场各项规章和制度，非施工人员严禁进入施工现场。加强土方施工管理。弃渣不得随意弃置，并运至规定的弃渣场。外运和内运土方时绝不准超高，并采取遮盖维护措施，防止泥土沿途遗漏污染到马路。

第三节　堤防施工

一、水利工程堤防施工

(一) 堤防工程的施工准备工作

1. 施工注意事项

施工前应注意施工区内埋于地下的各种管线、建筑物废基、水井等各类应拆除的建筑物，并与有关单位一起研究处理措施、方案。

2. 测量放线

测量放线非常重要，因为它贯穿于施工的全过程，从施工前的准备，到施工中，再到施工结束以后的竣工验收，都离不开测量工作。如何把测量放线做快做好，是对测量技术人员一项基本技能的考验和基本要求。目前堤防施工中一般都采用全站仪进行施工控制测量，另外配置水准仪、经纬仪，进行施工放样测量。

(1) 测量人员依据监理提供的基准点、基线、水准点及其他测量资料进行核对、复测，监理施工测量控制网，报请监理审核，批准后予以实施，以利于施工中随时校核。

(2) 精度的保障。工程基线相对于相邻基本控制点，平面位置误差不超

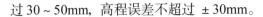

过 30~50mm，高程误差不超过 ±30mm。

（3）施工中对所有导线点、水准点进行定期复测，对测量资料进行及时、真实的填写，由专人保存，以便归档。

3. 场地清理

场地清理包括植被清理和表土清理。其方位包括永久和临时工程、存弃渣场等施工用地需要清理的全部区域的地表。

（1）植被清理：用推土机清除开挖区域内的全部树木、树根、杂草、垃圾及监理人指明的其他有碍物，运至监理工程师指定的位置。除监理人另有指示外，主体工程施工场地地表的植被清理，必须延伸至施工图所示最大开挖边线或建筑物基础边线（或填筑边脚线）外侧至少 5m 距离。

（2）表土清理：用推土机清除开挖区域内的全部含细根、草本植物及覆盖草等植物的表层有机土壤，按照监理人指定的表土开挖深度进行开挖，并将开挖的有机土壤运至指定地区存放待用，防止土壤被冲刷流失。

（二）堤防工程施工放样与堤基清理

在施工放样中，首先沿堤防纵向定中心线和内外边脚，同时钉以木桩，要把误差控制在规定值内。当然根据不同堤形，可以在相隔一定距离内设立一个堤身横断面样架，以便能够为施工人员提供参照。堤身放样时，必须要按照设计要求来预留堤基、堤身的沉降量。而在正式开工前，还需要进行堤基清理，清理的范围主要包括堤身、铺盖、压载的基面，其边界应在设计基面边线外 30~50cm。如果堤基表层出现不合格土、杂物等，就必须及时清除，针对堤基范围内的坑、槽、沟等部分，需要按照堤身填筑要求进行回填处理。同时需要耙松地表，这样才能保证堤身与基础结合。当然，假如堤线必须通过透水地基或软弱地基，就必须要对堤基进行必要的处理，处理方法可以按照土坝地基处理的方法进行。

（三）堤防工程度汛与导流

堤防工程施工期跨汛期施工时，度汛、导流方案应根据设计要求和工程需要编制，并报有关单位批准。挡水堤身或围堰顶部高程，按照度汛洪水标准的静水位加波浪爬高与安全加高确定。当度汛洪水位的水面吹程小于

500m、风速在 5 级（风速 10m/s）以下时，堤顶高程可仅考虑安全加高。

（四）堤防工程堤身填筑要点

1. 常用筑堤方法

（1）土料碾压筑堤。土料碾压筑堤是应用最多的一种筑堤方法，也是极为有效的一种方法，其主要是通过把土料分层填筑碾压，主要用于填筑堤防的一种工程措施。

（2）土料吹填筑堤。土料吹填筑堤主要是通过把浑水或人工拌制的泥浆，引到人工围堤内，通过降低流速，最终能够沉沙落淤，其主要是用于填筑堤防的一种工程措施。吹填的方法有许多种，包括提水吹填、自流吹填、吸泥船吹填、泥浆泵吹填等。

（3）抛石筑堤。抛石筑堤通常是在软基、水中筑堤或地区石料丰富的情况下使用的，其主要是利用抛投块石填筑堤防。

（4）砌石筑堤。砌石筑堤是采用块石砌筑堤防的一种工程措施。其主要特点是工程造价高，在重要堤防段或石料丰富地区使用较为广泛。

（5）混凝土筑堤。混凝土筑堤主要用于重要堤防段，是采用浇筑混凝土填筑堤防的一种工程措施，其工程造价高。

2. 土料碾压筑堤

（1）铺料作业。铺料作业是筑堤的重要组成部分，因此需要根据要求把土料铺至规定部位，禁止把砂（砾）料或者其他透水料与黏性土料混杂。当然在上堤土料的过程中，需要把杂质清除干净，这主要是考虑到黏性土填筑层中包裹成团的砂（砾）料时，可能会造成堤身内积水囊，这将会大大影响到堤身安全；如果是土料或砾质土，就需要选择进占法或后退法卸料，如果是砂砾料，则需要选择后退法卸料；当出现砂砾料或砾质土卸料发生颗粒分离的现象，就需要将其拌和均匀；需要按照碾压试验确定铺料厚度和土块直径的限制尺寸；如果铺料到堤边，那就需要在设计边线外侧各超填一定余量，人工铺料宜为 100cm，机械铺料宜为 30cm。

（2）填筑作业。为了更好地提高堤身的抗滑稳定性，需要严格控制技术要求，在填筑作业中如果遇到地面起伏不平的情况，就需要根据水分分层，按照从低处开始逐层填筑的原则，禁止顺坡铺填；如果堤防横断面上的地面坡度陡于1:5，则需要把地面坡度削至缓于1:5。

如果是土堤填筑施工接头，那很可能会出现成质量隐患，这就要求分段作业面的最小长度要大于100m，如果人工施工时段长，那可以根据相关标准适当减短；如果是相邻施工段的作业面宜均衡上升，在段与段之间出现高差时，就需要以斜坡面相接；不管选择哪种包工方式，填筑作业面都严格按照分层统一铺土、统一碾压的原则进行，同时还需要配备专业人员，或者用平土机具参与整平作业，避免出现乱铺乱倒，出现界沟的现象；为了使填土层间结合紧密，尽可能地减少层间的渗漏，如果已铺土料表面在压实前已经被晒干，此时就需要洒水湿润。

（3）防渗工程施工。黏土防渗对堤防工程来说主要是用在黏土铺盖上，而黏土心墙、斜墙防渗体方式在堤防工程中应用较少。黏土防渗体施工，应在清理的无水基底上进行，并与坡脚截水槽和堤身防渗体协同铺筑，尽量减少接缝；分层铺筑时，上下层接缝应错开，每层厚以15~20cm为宜，层面间应刨毛、洒水，以保证压实的质量；分段、分片施工时，相邻工作面搭接碾压应符合压实作业规定。

（4）反滤、排水工程施工。在进行铺反滤层施工之前，需要对基面进行清理，同时针对个别低洼部分，则需要通过采用与基面相同土料，或者反滤层第一层滤料填平。而在反滤层铺筑的施工中，需要遵循以下几个要求：

①铺筑前必须要设好样桩，做好场地排水，准备充足的反滤料。

②按照设计要求的不同，来选择粒径粗的反滤料层厚。

③必须要从底部向上按设计结构层要求，禁止逐层铺设，同时需要保证层次清楚，不能混杂，也不能从高处倾坡倾倒。

④分段铺筑时，应使接缝层次清楚，不能出现发生缺断、层间错位、混杂等现象。

二、堤防工程防渗施工技术

（一）堤防发生险情的种类

堤防发生险情包括开裂、滑坡和渗透破坏，其中，渗透破坏尤为突出。渗透破坏的类型主要有接触流土、接触冲刷、流土、管涌、集中渗透等。由渗透破坏造成的堤防险情主要有：

（1）堤身险情。该类险情的造成原因主要是堤身填筑密实度以及组成物质的不均匀所致，如堤身土壤组成是砂壤土、粉细沙土壤，或者堤身存在裂缝、孔洞等。跌窝、漏洞、脱坡、散浸是堤身险情的主要表现。

（2）堤基与堤身接触带险情。该类险情的造成原因是建筑堤防时，没有清基，导致堤基与堤身接触带的物质复杂、混乱。

（3）堤基险情。该类险情是由于堤基构成物质中包含了砂壤土和砂层，而这些物质的透水性又极强所致。

（二）堤防防渗措施的选用

在选择堤防工程的防渗方案时，应当遵循以下原则：首先，对于堤身防渗，防渗体可选择劈裂灌浆、锥探灌浆、截渗墙等。在必要情况下，可帮堤以增加堤身厚度，或挖除、刨松堤身后，重新碾压并填筑堤身。其次，在进行堤防截渗墙施工时，为降低施工成本，要注意采用廉价、薄墙的材料。较为常用的造墙方法有开槽法、挤压法、深沉法，其中，深沉法的费用最低，对于<20m 的墙深最宜采用该方法。高喷法的费用要高些，但在地下障碍物较多、施工场地较狭窄的情况下，该方法的适应性较高。若地层中含有的砂卵砾石较多且颗粒较大时，应结合使用冲击钻和其他开槽法，该法的造墙成本会相应地提高不少。对于该类地层上堤段险情的处理，还可使用盖重、反滤保护、排水减压等措施。

（三）堤防堤身防渗技术分析

1. 黏土斜墙法

黏土斜墙法，是先开挖临水侧堤坡，将其挖成台阶状，再将防渗黏性土铺设在堤坡上方，铺设厚度 >2m，并要在铺设过程中将黏性土分层压实。对于堤身临水侧滩地足够宽且断面尺寸较小的情况，适宜使用该方法。

2. 劈裂灌浆法

劈裂灌浆法，是指利用堤防应力的分布规律，通过灌浆压力在沿轴线方向将堤防劈裂，再灌注适量泥浆形成防渗帷幕，使堤身防渗能力加强。该方法的孔距通常设置为 10m，但在弯曲堤段，要适当缩小孔距。对于沙性较重的堤防，不适宜使用劈裂灌浆法，这是因为沙性过重，会使堤身弹性不足。

3. 表层排水法

表层排水法，是指在清除背水侧堤坡的石子、草根后，喷洒除草剂，然后铺设粗砂，铺设厚度在20cm左右，再一次铺设小石子、大石子，每层厚度都为20cm，最后铺设块石护坡，铺设厚度为30cm。

4. 垂直铺塑法

垂直铺塑法，是指使用开槽机在堤顶沿着堤轴线开槽，开槽后，将复合土工膜铺设在槽中，然后使用黏土在其两侧进行回填。该方法对复合土工膜的强度和厚度要求较高。若将复合土工膜深入至堤基的弱透水层中，还能起到堤基防渗的作用。

(四) 堤基的防渗技术分析

1. 加盖重技术

加盖重技术，是指在背水侧地面增加盖重，以减小背水侧的出流水头，从而避免堤基渗流破坏表层土，使背水地面的抗浮稳定性增强，降低其出逸比降。针对下卧透水层较深、覆盖层较厚的堤基，或者透水地基，都适宜采用该方法进行处理。在增加盖重的过程中，要选择透水性较好的土料，至少要等于或大于原地面的透水性。而且不宜使用沙性太大的盖重土体，因为沙性太大易造成土体沙漠化，影响周围环境。若盖重太长，要考虑联合使用减压沟或减压井。如果背水侧为建筑密集区或是城区，则不适宜使用该方法。对于盖重高度、长度的确定，要以渗流计算结果为依据。

2. 垂直防渗墙技术

垂直防渗墙技术，是指在堤基中使用专用机建造槽孔，使用泥浆加固墙壁，再将混合物填充至槽孔中，最终形成连续防渗体。它主要包括了全封闭式、半封闭式和悬挂式三种结构类型。全封闭式防渗墙是指防渗墙穿过相对强透水层，且底部深入到相对弱透水层中，在相对弱透水层下方没有相对强透水层。通常情况下，该防渗墙的底部会深入到深厚黏土层或弱透水性的基岩中。若在较厚的相对强透水层中使用该方法，会增加施工难度和施工成本。该方式会截断地下水的渗透径流，故其防渗效果十分显著，但同时也易发生地下水排泄、补给不畅的问题，所以会对生态环境造成一定的影响。半封闭式防渗墙是指防渗墙经过相对强透水层深入弱透水层中，在相对弱透水层下方有相对强透水层。该方法的防渗稳定性效果较好。影响其防渗效果的因素较多，主要有相对强透水层和相对弱透水层各自的厚度、连续性、渗透系数等。该方法不会对生态环境造成影响。

第四节　水闸施工

一、水闸工程地基开挖施工技术

开挖分为水上开挖和水下开挖。其中涵闸水上部分开挖、旧堤拆除等为水上开挖，新建堤基础面清理、围堰形成前水闸处淤泥清理开挖为水下开挖。

（一）水上开挖施工

水上开挖采用常规的旱地施工方法。施工原则为"自上而下，分层开挖"。水上开挖包括旧堤拆除、水上边坡开挖及基坑开挖。

1. 旧堤拆除

在围堰保护下干地施工。为保证老堤基础的稳定性和周边环境的安全性，旧堤拆除不采用爆破方式。干、砌块石部分采用挖掘机直接挖除，开挖渣料可利用部分装运至外海进行抛石填筑或用于石渣填筑，其余弃料装运至监理指定的弃渣场。

2. 水上边坡开挖

开挖方式采取旱地施工，挖掘机挖除；水上开挖由高到低依次进行，均衡下降。待围堰形成和水上部分卸载开挖工作全部结束后，方可进行基坑抽水工作，以确保基坑的安全稳定。开挖料可利用部分用于堤身和内外平台填筑，其余弃料运至指定弃料场。

3. 基坑开挖与支护

基坑开挖在围堰施工和边坡卸载完毕后进行，开挖前首先进行开挖控制线和控制高程点的测量放样等。开挖过程中要做好排水设施的施工，主要有：开挖边线附近设置临时截水沟，开挖区内设干码石排水沟，干码石采用挖掘机压入作为脚槽。另设混凝土护壁集水井，配水泵抽排，以降低基坑水位。

（二）水下开挖施工

水下开挖施工主要为水闸基坑水下流溯状淤泥开挖。

1. 水下开挖施工方法

（1）施工准备。水下开挖施工准备工作主要有：弃渣场的选择、机械设备的选型等。

（2）测量放样。水下开挖的测量放样拟采用全站仪进行水上测量，主要测定开挖范围。浅滩可采用打设竹杆作为标记，水较深的地方用浮子作标记；为避免开挖时毁坏测量标志，标志可设在开挖线外 10m 处。

（3）架设吹送管、绞吸船就位。根据绞吸船的吹距（最大可达 1000m）和弃渣场的位置，吹送管可架设在陆上，也可架设在水上或淤泥上。

（4）绞吸吹送施工。绞吸船停靠就位、吹送管架设牢固后，即可开始进行绞吸开挖。

2. 涵闸基坑水下开挖

（1）涵闸水下基坑描述。涵闸前后河道由于长期双向过流，其表层主要为流塑状淤泥，对后期干地开挖有较大影响，因此需先采用水下开挖方式清除掉表层淤泥。

（2）施工测量。施工前，对涵闸现状地形实施详细的测量，绘制原始地形图，标注出各部位的开挖厚度。一般采用 $50m^2$ 为分隔片，并在现场布置相应的标识指导施工。

（3）施工方法。在围堰施工前，绞吸船进入开挖区域，根据测量标识开始作业。

（三）基坑开挖边坡稳定分析与控制

1. 边坡描述

根据本工程水文、地质条件，水闸基础基本为淤泥土构成，基坑边坡土体含水量大，基本为淤泥，基坑开挖及施工过程中，容易出现边坡失稳，造成整体边坡下滑的现象。因此如何保证基坑边坡的稳定是开挖施工重点。

2. 应对措施

（1）采取合理的开挖方法。根据工程特点，对于基坑先采用水下和岸边干地开挖，以减少基坑抽水后对边坡下部的压载，上部荷载过大使边坡土体失稳而出现垮塌和深层滑移。

（2）严格控制基坑抽排水速度。基坑水下部分土体长期经海水浸泡，含水量大，地质条件差，基坑排水下降速度大于边坡土体固结速度，在没有水压力平衡下极易造成整体边坡失稳。

（3）对已开挖边坡的保护。在基坑开挖完成后，沿坡脚形成排水沟组织排水，并设置小型集水井，及时排除基坑内的水。在雨季，对边坡覆盖条纹布加以保护，必要时设置抗滑松木桩。

（4）变形监测。按规范要求，在边坡开挖过程中，在坡顶、坡脚设置观测点，对边坡进行变形观测，测量仪器采用全站仪和水准仪。观测期间，对每一次的测量数据进行分析，若发现位移或沉降有异常变化，立即报告并停止施工，待分析处理后再恢复施工。

（四）开挖质量控制

（1）开挖前进行施工测量放样工作，以此控制开挖范围与深度，并做好过程中的检查。

（2）开挖过程中安排有测量人员在现场观测，避免出现超、欠挖现象。

（3）开挖自上而下分层分段施工，随时做成一定的坡势，避免挖区积水。

（4）水下开挖时，随时进行水下测量，以保证基坑开挖深度。

（5）水闸基坑开挖完成后，沿坡脚打入木桩并堆砂包护面，维持出露边坡的稳定。

（6）开挖完成后对基底高程进行实测，并上报监理工程师审批，以利于下道工序迅速开展。

二、水闸排水与止水问题

(一) 水闸设计中的排水问题

1. 消力池底板排水孔

消力池底板承受水流的冲击力、水流脉动压力和底部扬压力等作用，应有足够的重量、强度和抗冲耐磨的能力。为了降低护坦底部的渗透压力，可在水平护坦的后半部设置垂直排水孔，孔下铺反滤层。排水孔呈梅花形布置。有一些水闸消力池底板排水孔是从水平护坦的首部一直到尾部全部布设有排水孔。此种布置有待商榷。因为，水流出闸后，经平稳整流后，经陡坡段流向消力池水平底板，在陡坡段末端和底板水平段相交处附近形成收缩水深，为急流，此处动能最大，即流速水头最大，其压强水头最小。如果在此处也设垂直排水孔，在高流速、低压强的作用下，垂直排水孔下的细粒结构，在底部大压力的作用下，有可能被从孔中吸出，久而久之底板将被掏空。故应在消力池底板的后半部设垂直排水孔。以使从底板渗下的水量从消力池的垂直排水孔排出，从而达到减小消力池底板渗透压力的作用。

2. 闸基防渗面层排水

水闸在上下游水位差的作用下，上游水从河床入渗，绕经上游防渗铺盖、板桩及闸底板，经反滤层由排水孔至下游。不透水的铺盖、板桩及闸底板等与地基的接触面成为地下轮廓线。地下轮廓线的布置原则是高防低排，即在高水位一侧布置铺盖、板桩、浅齿墙等防渗设施，滞渗延长底板上游的渗径，使作用在底板上的渗透压力减小。在低水位一侧设置面层排水、排渗管等设施排渗，使地基渗水尽快地排出。土基上的水闸多采用平铺式排水，即用透水性较强的粗砂、砾石或卵石平铺在闸底板、护坦等下面。渗流由此与下游连通，降低排水体起点前面闸底上的渗透压力，消除排水体起点后建筑物底面上的渗透压力。排水体一般无须专门设置，而是将滤层中粗粒粒径最大的一层厚度加大，构成排水体。然而，有一些在建水闸工程，其水闸底板后的水平整流段和陡坡段，却没有设平铺式排水体，有的连反滤层都没有，仅在消力池底板处设了排水体。这种设计，将加大闸底板，陡坡段的渗透压力，对水闸安全稳定也极为不利。一般水闸的防渗设计，都应在闸室后水平整流段处开始设排水体，闸基渗透压力在排水体开始处为零。

3. 翼墙排水孔

水闸建成后，除闸基渗流外，渗水经从上游绕过翼墙、岸墙和刺墙等流向下游，成为侧向渗流。该渗流有可能造成底板渗透压力的增大，并使渗流出口处发生危害性渗透变形，故应做好侧向防渗排水设施。为了排出渗水，单向水头的水闸可在下游翼墙和护坡设置排水孔，并在挡土墙一侧孔口处设置反滤层。然而，有些设计，却在进口翼墙处也设置了排水孔。此种设计，使翼墙失去了防渗、抗冲、增加渗径的作用，使上游水流不是从垂直流向插入河岸的墙后绕渗，而是直接从孔中渗入墙后，这就减少了渗径，增加了渗流的作用，将减小翼墙插入河岸的作用。

（二）水闸的止水伸缩缝渗漏问题

1. 渗漏原因

在水闸工程中，止水伸缩缝发生渗漏的原因很多，有设计、施工及材料本身的原因等，但绝大多数是由施工引起的。止水伸缩缝施工有严格的施工措施、工艺和施工方法，施工过程中引起渗漏的原因一般有以下几条：

（1）止水片上的水泥渣、油渍等污物没有清除干净就浇筑混凝土。使得止水片与混凝土结合不好而渗漏。

（2）止水片有砂眼、钉孔或接缝不可靠而渗漏。

（3）止水片处混凝土浇筑不密实造成渗漏。

（4）止水片下混凝土浇筑得较密实，但因混凝土的泌水收缩，形成微间隙而渗漏。

（5）相邻结构由于出现较大沉降差造成止水片撕裂或止水片锚固松脱引起渗漏。

（6）垂直止水预留沥青孔沥青灌填不密实引起渗漏或预制混凝土凹形槽外周与周围现浇混凝土结合不好产生侧向绕流渗水。

2. 止水伸缩缝渗漏的预防措施

（1）止水片上污渍杂物问题。在施工过程中，模板上脱模剂时易使止水片沾上脱模剂污渍，所以模板上脱模剂这道工序要安排在模板安装之前并在仓面外完成。浇筑过程中不断会有杂物掉在止水片上，故在初次清除的基础上还要强调在混凝土淹埋止水片时再次清除这道工序。另外，浇筑底层混凝土时就会有混凝土散落在止水片上，在混凝土淹埋止水片时先期落上的混凝土因时间过长而初凝，这样的混凝土会留下渗漏隐患应及时清除。

（2）止水片砂眼、钉孔和接缝问题。在止水片材料采购时，应严格把关。不但止水片材料的品种、规格和性能要满足规范和设计要求，对其外观也要仔细检查，不合格材料应及时更换。止水片安装时，有的施工人员为了固定止水片采用铁钉把止水片钉在模板上，这样会在止水片上留下钉孔，这种方法应避免，而应采取模板嵌固的方法来固定止水片。止水片接缝也是常出现渗漏的地方，金属片接缝一定要采用与母材相同的材料焊接牢固。为了保证焊缝质量和焊接牢固，可以使用铆接加双面焊接的方法，焊缝均采用平焊，并且搭接长度 ≥ 20mm。重要部位止水片接头应热压黏接，接缝均要做压水检查验收合格后才能使用。

（3）止水片处混凝土浇筑不密实问题。止水处混凝土振捣要细致谨慎，选派的振捣工既要有较强的责任心又要有熟练的操作技能。振捣要掌握"火候"，既不能欠振，也不能烂振，振捣时振捣器一定不能触及止水片。混凝土要有良好的和易性，易于振捣密实。

（4）止水处混凝土的泌水收缩问题。选用合适的水泥和级配合理的骨料能有效减小混凝土的泌水收缩。矿渣水泥的保水性较差，泌水性较大，收缩性也大，因此，止水处混凝土最好不要用矿渣水泥而宜用普通硅酸盐水泥配制。另外，混凝土坍落度不能太大，流动性大的混凝土收缩性也大，一般选 5 ~ 7cm 坍落度为佳。泵送混凝土由于坍落度大不宜采用。

（5）沉降差对止水结构的影响问题。沉降差很难避免，有设计方面的原因，也有施工方面的原因。结构荷载不同，沉降量一般也不同，大的沉降差一般出现在荷载悬殊的结构之间。在水闸建筑中，防渗铺盖与闸首、翼墙间荷载较悬殊，会有较大的沉降差。小的沉降差一般不会对止水结构产生危害，因为止水结构本身有一定的变形适应能力。施工方面可采取预沉和设置二次浇筑带的施工措施和方法来减小沉降差：施工计划安排时先安排荷载大的闸首、翼墙施工，让它们先沉降，待施工到相当荷载阶段，沉降较稳定后再施工相邻的防渗铺盖，或在沉降悬殊的结构间预留二次浇筑带，等到两结构沉降较稳定后再浇筑二次混凝土浇筑带。

（6）垂直止水缝沥青灌注密实问题及混凝土预制凹槽与现浇混凝土结合问题。通常预留沥青孔一侧采用每节 1m 长左右的预制混凝土凹形槽，逐节安装于已浇筑止水片的混凝土墙面上，缝槽用砂浆密封固定，热沥青分节从顶端灌注。需要注意的是在安装预制槽时要格外小心，沥青孔中不能掉进杂物和垃圾。因为沥青孔断面较小，一旦掉进去很难清除干净，必将留下渗漏隐患，所以安装好的预制槽顶端要及时封盖，避免掉进杂物和垃圾。

三、水闸施工导流规定

（一）导流施工

1. 导流方案

在水闸施工导流方案的选择上，多数是采用束窄滩地修建围堰的导流方案。水闸施工受地形条件的限制比较大，这就使得围堰的布置只能紧靠主河道的岸边，但是在施工中，岸坡的地质条件非常差，极易造成岸坡的坍塌，因此在施工中必须通过技术措施来解决此类问题。在围堰的选择上，要坚持选择结构简单及抗冲刷能力大的浆砌石围堰，基础还要用松木桩进行加固，堰的外侧还要通过红黏土夯措施来进行有效的加固。

2. 截流方法

在水利水电工程施工中，我国在堵坝的技术上累积了很多成熟的经验。在截流方法上要积极总结以往的经验，在具体的截流之前要进行周密的设计，可以通过模型试验和现场试验来进行论证，可以采用平堵与立堵相结合的办法进行合龙。土质河床上的截流工程，戗堤常因压缩或冲蚀而形成较大的沉降或滑移，所以导致计算用料与实际用料会存在较大的出入，所以在施工中要增加一定的备料量，以保证工程的顺利施工。特别要注意，土质河床尤其是在松软的土层上筑戗堤截流要做好护底工程，这一工程是水闸工程质量实现的关键。根据以往的实践经验，应该保证护底工程范围的宽广性，对护底工程要排列严密，在护堤工程进行前，要找出抛投料物在不同流速及水深情况下的移动距离规律，这样才能保证截流工程中抛投料物的准确到位。对那些准备抛投的料物，要保证其在浮重状态及动静水作用下的稳定性能。

(二) 水闸施工导流规定

(1) 施工导流、截流及度汛应制订专项施工措施设计，重要的或技术难度较大的须报上级审批。

(2) 导流建筑物的等级划分及设计标准应按《水利水电工程等级划分及洪水标准》(SL 252-2017) 有关规定执行。

(3) 当按规定标准导流有困难时，经充分论证并报主管部门批准，可适当降低标准；但汛期前，工程应达到安全度汛的要求。在感潮河口和滨海地区建闸时，其导流挡潮标准不应降低。

(4) 在引水河、渠上的导流工程应满足下游用水的最低水位和最小流量的要求。

(5) 在原河床上用分期围堰导流时，不宜过分束窄河面宽度，通航河道尚需满足航运的流速要求。

(6) 截流方法、龙口位置及宽度应根据水位、流量、河床冲刷性能及施工条件等因素确定。

(7) 截流时间应根据施工进度，尽可能选择在枯水、低潮和非冰凌期。

(8) 对土质河床的截流段，应在足够范围内抛筑排列严密的防冲护底工程，并随龙口缩小及流速增大及时投料加固。

(9) 在合龙过程中，应随时测定龙口的水力特征值，适时改换投料种类、抛技强度和改进抛投技术。截流后，应即加筑前后戗，然后才能有计划地降低堰内水位，并完善导渗、防浪等措施。

(10) 在导流期内，必须对导流工程定期进行观测、检查，并及时维护。

(11) 拆除围堰前，应根据上下游水位、土质等情况确定充水、闸门开度等放水程序。

(12) 围堰拆除应符合设计要求，筑堰的块石、杂物等应拆除干净。

第四章 水资源优化配置基本知识

第一节 水资源问题与挑战

一、水资源与可持续发展

按照联合国环境与可持续发展委员会的解释，可持续发展的定义是："既能满足当代人的需要，又不对后代人满足其需要的能力构成危害的发展模式。"其强调三个主题：国家间发展的公平性，区域间发展的公平性，社会经济发展与人口、资源、环境间的协调性。

水资源是一种十分重要而又特殊的自然资源，是人类和一切生物赖以生存的不可缺少的一种宝贵资源，是支撑生命系统、非生命环境系统正常运转的重要条件，同时也是一个国家或地区经济建设和社会发展的重要自然资源和物质基础。如果缺水或无水，将无法维持地球的生命力和生态、生物的多样性，将无法开展各项社会经济活动，因此，水资源的丰枯以及开发利用情况在很大程度上影响着一个地区的经济发展与生态平衡，水资源的可持续发展是整个社会可持续发展的组成部分之一。

水资源的可持续发展，指水资源不仅要实现当今时代的共享，还要与后代共享，不仅是人对水资源的共享，还有人与环境对水资源的共享，合理全面考虑水资源、社会经济和生态环境之间的关系，进行水资源的合理配置，是实现水资源可持续发展的重要保证。

二、水危机——中国水资源态势

地球上的水量极其丰富，但水圈中的水量分布很不均匀，大部分水储存在低洼的海洋中，占96.54%，而且其中97.47%为咸水，淡水仅占总水量的2.53%，且主要分布在冰川与永久积雪（占68.70%）和地下（30.36%）。如果考虑现有的经济、技术能力，扣除无法取用的冰川和高山顶上的冰雪储量，理论上可利用的淡水不足地球总贮水量的1%。

我国水资源总量约为28124亿立方米，人均占有量很低，是水资源十分紧缺的国家之一。中国水资源总量并不丰富，时空分布不均，水污染严重，北方部分地区水资源开发利用已经超过资源环境的承载能力，全国范围内水资源可持续利用问题已经成为国家可持续发展战略的主要制约因素。

针对我国目前水资源供需矛盾突出问题，解决的基本途径有以下四条：①开源。对于水资源量丰富且水资源开发利用率低的地区，可以通过加大投资、兴修水利工程和设施、开发新的水源、提高水资源利用效率，增加该地区的水资源供应能力。②节流。在水资源相对贫乏、水资源利用率已很高的地区，增大水源供水能力的潜力较小，主要方法为节流，即建立节水型社会，依靠研究节水技术和方法，实施节水措施，提高人们的节水意识，从而减少水资源的需求量。节水是缓解供需水矛盾、实现水资源可持续利用的长久之策。③治污。加大水污染治理力度，加强环保意识，兴建污水处理厂和中水利用系统，变废水、污水为再生之水、有用之水。④水资源优化配置。前面三类方法有一定条件限制，需要大量资金投入，且效果的发挥还需一定时间。如果运用科学技术和方法，改变传统的管理模式和方法，对有限水资源进行优化配置，可使水资源得到充分高效利用，使社会经济协调发展。

第二节 水资源优化配置的概念

一、水资源优化配置的含义和内容

20世纪90年代初，在我国水资源严重短缺和水污染不断加重的大背景下，水资源优化配置的概念应运而生，其最初是针对水资源短缺地区及用水的竞争性问题。随着可持续发展概念的深入，其含义不再仅仅针对水资源短缺地区。对于水资源丰富的地区，从可持续角度，也应该考虑水资源合理利用问题，只是目前在水资源短缺地区此问题更为迫切而已。

从广义概念上讲，水资源优化配置就是研究如何充分利用好和分配好水资源。水资源合理配置比较权威的定义是我国颁布的《全国水资源综合规划技术大纲》中给出的："在流域或特定的区域范围内，遵循公平、高效和可持续性利用的原则，通过各种工程与非工程措施，考虑市场经济的规律和资源配置准则，通过合理抑制需求、有效增加供水、积极保护生态环境等手段和措施，对多种可利用水源在区域间和各用水部门间进行的调配。"

　　水资源优化配置是一个极其复杂的系统工程，随着人们认识水平的提高和科学技术的不断发展及水资源优化配置实践的不断深化，水资源优化配置的概念逐步明确，其内涵日益丰富。在探索如何合理配置水资源的过程中，人们逐步认识到，水资源配置的客观基础，是"社会经济—资源—生态—环境"复杂系统中宏观经济系统、水资源系统、生态系统及环境在其发展运动过程中的相互依存与相互制约的定量关系，这一关系集中体现在用水竞争性和投资竞争性上。

　　由以上定义可以看出，水资源优化配置的实质是要提高水资源的配置效率。一方面是提高水的分配效率，合理解决各部门和各行业（包括环境和生态用水）之间的竞争用水问题；另一方面是提高水的利用效率，促使各部门或各行业内部高效用水。其主要解决的问题包括以下几方面。

（一）社会经济发展问题

　　探索适合流域或区域现实可行的社会经济发展模式和发展方向，推求合理的工农业生产布局。

（二）水资源需求问题

　　分析现状条件下各分区、各部门的用水结构、用水效率及提高用水效率的技术和措施，预测未来各种经济发展模式下的水资源需求。

（三）水资源开发利用方式、水利工程布局等问题

　　进行现状水资源开发利用评价、供水结构分析、水资源可利用量分析，进行各种水源的联合调配，给出各类规划水利工程的配置规模及建设次序。

（四）水环境污染问题

　　评价现阶段水环境质量，分析各部门在生产过程中各类污染物的排放情况，预测河流水体中各主要污染物的浓度，制定合理的水环境保护目标和

保护策略。

(五) 生态问题

评价现状生态系统状况，分析生态系统保护与水资源开发利用的关系，制定合理的水生态保护目标和保护策略。

(六) 供水效益问题

分析各种水源开发利用所需的投资及运行费用，分析各种水源的供水效益。

(七) 水价问题

研究水资源短缺地区由于缺水造成的国民经济损失，分析水价对社会经济发展的影响和水价对水需求的抑制作用，明晰水价的制定依据。

(八) 水资源管理问题

研究与水资源优化配置相适应的水资源管理体系，制定有效的政策法规，确定可行的实施办法等。

(九) 技术方法研究问题

研究水资源优化配置模型，如评价模型、模拟模型、优化模型的建模机理及建模方法；研发水资源管理决策支持系统等。

水资源优化配置还有广义和狭义之分。从广义上讲，水资源优化配置是在水资源开发利用过程中，对洪涝灾害、干旱缺水、水生态环境恶化等问题解决的统筹安排，实现除害兴利结合、防洪抗旱并举、开源节流并重，协调上下游、左右岸、干支流、城市与乡村、流域与区域、开发与保护、建设与管理、近期与远期等各方面的关系。从狭义上讲，水资源优化配置主要是指水资源供给与需求之间关系的处理。

对于水资源优化配置的内容，主要包含以下几方面。

(一) 流域配置

流域配置包括流域间配置和流域内配置。流域间配置是在流域以上的层次上，将水资源在流域间分配，制定各流域的水资源配置量；流域内配置是将配置给本流域的水资源在流域内进行分配。流域内水资源配置一般包括流域内各区域间的水资源配置以及流域内各行业 (生活、生态和生产) 之间的水资源配置。流域内配置的水资源量应该包括流域本身的水资源量和调入 (如调出，则应减去) 流域的水资源量。目前，在我国的大江大河中，"黄河可供水量分配方案"是流域内水资源配置的一个例子，而正在实施的南水北调工程则是流域间水资源配置的典型例子。

(二) 区域配置

由于区域配置的内容等同于流域内配置，因此，区域配置是指区域内配置。区域配置是将配置给本区域的水资源在区域内进行分配。同样，区域层次的水资源配置一般包括区域内各次 (子) 区域的水资源配置以及区域内各行业之间的水资源配置。区域配置的水资源量应该包括区域当地的水资源量和调入区域的水资源量。在区域配置中，根据水资源管理状况，如果区域是实施水资源管理的最低层次 (如我国的县级)，则区域配置只包括各行业间的配置。

(三) 行业配置

行业配置包括行业间配置和行业内配置。行业间配置就是将水资源在行业之间进行配置，如农业与工业和生活之间的配置；行业内配置就是将水资源在行业内进行配置，实际也就是在用户之间进行配置。根据我国的水资源管理特点，行业内配置应该在水资源管理的最低层次，即在取用水户的层级。行业水资源配置的例子众多，如北京郊区实施节水工程而向城区供水、内蒙古实施农业节水向工业转换水权等就是行业间配置水资源的例子。

(四) 代际配置

由于水资源属于可再生资源，因此代际配置的问题并不突出。但当人类开发利用的速度大于水资源的更新速度而导致水资源枯竭时，为了维持水资源的可持续利用，就存在代际问题，特别是更新周期比较长的地下水资源。这样，水资源存在的代际配置问题即在现在和将来之间的水资源配置问题。我国目前正在实施的地下水保护计划，其实就是水资源代际配置的例子。

二、水资源优化配置的意义

对水资源进行合理开发与利用，实行水资源的优化配置，是实现社会可持续发展的重要前提，对实现和谐社会及社会经济的持续、健康发展具有极其重要的意义。

（1）水资源优化配置研究能促进水资源合理有效利用。汪恕诚部长在"水权和水市场"的讲话中指出："通过水资源的优化配置，提高水资源的利用效率，实现水资源可持续利用，这是21世纪我国水利工作的首要任务。"优化配置使水资源在各用水部门之间得到合理配置，一方面提高水资源的分配效率，合理解决各用水部门（包括生态环境用水）之间的竞争用水问题；另一方面提高水资源的利用效率，促使各用水部门内部高效用水。同时，使水环境容量得到合理调配，从而解决水资源短缺、生态环境恶化问题。

（2）促进工程水利向资源水利的转变。在人与自然不断斗争的过程中，水利工程成为人类利用水资源的重要工具，人类通过各种水利工程对天然的水资源系统与环境进行改造，使其更加有利于人们的生活和生产，这一阶段可以称之为水资源利用的初级阶段——工程水利阶段。

（3）对其他资源配置问题有一定的参考价值水。资源是自然资源之一，其他自然资源和水资源一样，都具有价值与使用价值，并且受到量的限制，同样也存在着合理分配的问题。资源配置问题具有一定的相似性，水资源优化配置为解决其他资源的配置问题提供了一定的参考。

三、水资源优化配置的目标

一个区域的水资源是有限的，当这种有限性使区域水资源成为稀缺性的资源时，各种用户的水需求之间就具有了竞争性，就会面临把有限的水资源如何分配给各用户的问题。水资源供需分析是进行不同水平年水资源在各用户间分配的方法之一，它主要根据用户重要性的不同，从尽量满足供给与需求之间的平衡角度出发，进行水资源在各用户之间的分配。很显然，它没有直接考虑水资源分配的效益问题。水资源优化配置就是从效益最大化角度出发进行水资源分配的方法。

水资源优化配置要实现效益的最大化，是从社会、经济、生态三方面来衡量的，是综合效益的最大化。从社会方面来说，要实现社会和谐，保障人民安居乐业，促使社会不断进步；从经济方面来说，要实现区域经济持续发展，不断提高人民群众的生活水平；从生态方面来说，要实现生态系统的良性循环，保障良好的人居生存环境；总体上达到既能促进社会经济不断发展，又能维护良好生态环境的目标。

水资源优化配置要合理解决各用户之间的竞争性用水问题。按照用水类型的划分及用水后果的影响程度，可把水资源配置分成不同层次：

（1）在可持续发展层次，要保持人与自然的和谐关系。人类为了发展社会经济，必须利用部分水资源；为了人类自身的存在，又必须维护适宜的生存环境。因此，必须研究如何与自然环境合理地分享水资源，兼顾当前与长远，在社会经济发展与生态环境保护两大类目标间进行权衡，进行社会经济用水与生态环境用水的合理分配，力争使长期发展的社会净福利达到最大。

（2）在社会经济发展层次，要兼顾社会公平与经济效益。人类为了发展经济，必须利用水资源；经济发展，又必须有和谐的社会环境。因此，进行水资源配置时必须统筹考虑公平与效益问题，兼顾局部与全局，在社会公平与经济效益两类目标间进行权衡，进行区域水资源在各类用户之间的合理分配，保障社会和谐与经济快速发展。

在水资源开发利用层次，要对水资源需求方面与供给方面同时调控，调动各种手段，力求使需要与可能之间实现动态平衡，寻求技术可行、经济合理、环境无害的水资源开发、利用、保护与管理模式。在需水方面通过调整产业结构与调整生产力布局，积极发展高效节水产业，抑制需水增长势头，以适应较为不利的水资源条件。在供水方面则是加强管理，并通过工程措施改变水资源天然时空分布与生产力布局不相适应的被动局面，统筹安排降水、当地地表水、当地地下水、中水、外调水的联合利用，增加水资源可供水量，协调各用水部门竞争性用水。在不同水平年条件，给出用水需求和用水次序安排、可供水量和供水次序安排，以及给出水资源开发利用方案的整体安排。

为了达到上述目标，对水资源优化配置研究的主要任务应包括以下几方面。

（1）在经济社会发展与水资源需求方面探索适合流域或区域现实可行的经济社会发展规模和发展方向，推求合理的生产布局。研究现状条件下的用水结构、用水效率及相应的技术措施，分析预测未来生活水平提高，国民经济各部门发展及生态环境保护条件下的水资源需求。

（2）在水环境与生态环境质量方面评价现状水环境质量，分析水环境污染程度，制定合理的水环境保护和治理标准；分析生产过程中各类污染物的排放率及排放总量，预测河湖水体中主要污染物的浓度和环境容量。开展生态环境质量和生态保护准则研究、生态耗水机理与生态耗水量研究，分析生态环境保护与水资源开发利用的关系。

（3）在水资源开发利用方式与工程布局方面开展水资源开发利用评价、供水结构分析、水资源可利用量分析；研究多水源联合调配，规划水利工程的合理规模及建设顺序；分析各种水源开发利用所需的投资、运行费用以及防洪、发电、供水等综合效益。

（4）在供需平衡分析方面开展不同水利工程开发模式和区域经济发展模式下的水资源供需平衡，确定水利工程的供水范围和可供水量，各用水单位的供水水源构成、供水量、供水保证率、缺水量、缺水过程及缺水破坏深度分布等情况。

（5）在水资源管理方面研究与水资源合理配置相适应的水资源科学管理体系，包括：建立科学的管理机制和管理手段，制定有效的政策法规，确定合理的水资源费、水价、水费收费标准和实施办法，分析水价对社会经济发展影响及对水需求的抑制作用，培养水资源科学管理人才等。

（6）在水资源配置技术与方法方面研究和开发与水资源配置相关的模型技术与方法，如建模机制与方法、决策机制与决策方法、模拟模型、优化模型与评价模型、管理信息系统、决策支持系统、GIS 高新技术应用等。

四、水资源优化配置的对象

根据水资源的特性及其开发利用的内容，水资源配置的对象包括数量、水质、保证率、时间以及空间（地点和区域）等。

（1）数量。数量是最常用的也是最可以理解的对象，通常所说的水量就是水资源数量的体现。在通常情况下，水资源的数量也是水资源配置最常用的内容。尽管数量是最常用的配置对象，但当数量与其他的配置对象相结合时，配置的内容就会丰富很多。如常用的某一保证率下的水量就是时间和数量的结合，结果是对应于不同的保证率就会有不同的数量，从而也会有不同的配置内容。因此，数量需要与其他不同的配置对象相结合。

（2）水质。在水资源配置中，水质的概念还没有广泛应用，但出现的例子日益增加。一般来讲，对于一个物品，总是有数量和质量两个概念，对于水资源也是如此。对应于不同的水量，就会有不同的水质。同样，对应于水质的一般是用途，当水质不能满足用途的要求时，就需要出于水质要求的水资源配置。

在过去的一段时间内，由于水污染不严重或水质总是能满足人们的要求，或是人们对水质关注程度不足，水质这个对象并没有纳入水资源配置的范畴。但当水污染越来越严重时，在缓解污染问题的时候，人们愈来愈多地把水资源的水质配置纳入配置对象，同样，在水资源配置中，也开始关注需要一定水质的水资源量的配置内容。如我国正在实施的"引江济太"工程，实质就是通过引入一定数量的优质水，缓解太湖的水污染的配置措施；同样，我国第一例水权交易——"东阳—义乌"的水权交易，也是由于当地丰富的水资源的水质污染而购买区域外优质水资源的过程。

（3）保证率。保证率也是对应于水量的常用概念。常用的 F=50%、P=75%、P=95% 以及枯水年（月）等都是属于水资源配置的保证率的概念。同样，多年平均也可以认为是一个与保证率有关的概念，因为多年平均是一个水文序列的各种概率的平均。在水资源规划中经常会出现不同保证率情况下的可利用水量的概念。因此，保证率是对应于水量的一个十分重要的定语。由于水文的随机性，不同保证率情况下的水量是不同的。

（4）时间。在水资源配置中，时间界定的是配置何时的水量。在水资源规划中经常出现的水平年就是时间的一个体现。但客观上，由于各地水资源问题的不同，经常会出现对现在甚至过去某一时间水量的配置，特别是在以供定需的配置原则下。在灌区的灌溉水量配置中，经常发生的是对一个灌溉季节的水量分配。

同样在某种情况下，水资源配置有可能是针对特定时间或时段的水量分配，如年或月。如旱情紧急情况下的水量调度预案就是对枯水年甚至是枯水月的水资源配置。因此，时间是一个灵活的概念，有可能是某一天、几天、一个用水时段、枯水月、正常年、枯水年、未来某一水平年等。

（5）地点或区域。地点或区域实际对应的是一个点和面的问题。在绝大多数的情况下，水资源配置是针对一个区域的水资源配置问题，如流域、区域水资源配置是对一个流域或区域的水资源进行配置。但在某些情况下，也会出现对某一地点的水资源进行配置的问题，如我国古代灌区的水量配置经常是对渠口或引水口的水量进行分配。

五、水资源优化配置的原则

合理配置是人们对稀缺资源进行分配时的目标和愿望，力求使资源分配的总体效益或利益最大。随着水资源短缺和水环境恶化，人们已清醒地认识到对水资源的研究不仅要研究对水资源数量的合理分配，还应研究对水资源质量的保护；不仅要研究水资源对国民经济发展和人类生存需要的满足，还应研究水资源对人类生存环境或生态环境的支撑与保障；不仅要研究满足当今用水的权利，还应研究如何满足未来用水的权利。为实现水资源的社会、经济和生态综合效益最大，水资源配置应遵循以下几个基本原则。

（1）可持续性原则。可持续性是保证水资源利用不仅应使当代人受益，而且能使后代人享受同等的权利。它要求近期与远期之间、当代与后代之间对水资源的利用上有一个协调发展、公平利用的原则，而不是掠夺性地开采和利用甚至破坏，即当代人对水资源的利用，不应使后代人正常利用水资源的权利受到破坏。为实现水资源的可持续利用，区域发展模式要适应当地水资源条件，保持水资源循环转化过程的可再生能力。在制订水资源配置组合方案时，要综合考虑水土平衡、水盐平衡、水沙平衡、水生态平衡对水资源的基本要求。

（2）有效性原则。有效性原则是基于水资源作为社会经济行为中的商品属性确定的。以纯经济学观点，由于水利工程投资，对水资源在经济各部门的分配应解释为：水是有限的资源，经济部门对其使用并产生回报。经济上有效的资源分配，是资源利用的边际效益在用水各部门中都相等，以获取最大的社会效益。换句话说，在某一部门增加一个单位的资源利用所产生的效益，在任何其他部门也应是相同的。如果不同，社会将分配这部分水给能产生更大效益或回报的部门。由此可见，对水资源的利用应以其利用效益作为经济部门核算成本的重要指标，而其对社会生态环境的保护作用（或效益）作为整个社会健康发展的重要指标，使水资源利用达到物尽其用的目的。但是，这种有效性不是单纯追求经济意义上的有效性，而是同时追求对环境的负面影响小的环境效益，以及能够提高社会人均收益的社会效益，是能够保证经济、环境和社会协调发展的综合利用效益。这需要在水资源合理配置问题中设置相应的经济目标、环境目标和社会发展目标，并考察目标之间的竞争性和协调发展程度，满足真正意义上的有效性原则。

（3）公平性原则。公平性是人们对经济以外不可度量的分配形式所采取的理智行为，以驱动水量和水环境容量在地区之间、近期和远期之间、用水目标之间、水量与水质目标之间、用水阶层之间的公平分配。在地区之间应统筹全局，合理分配过境水，科学规划跨流域调水，将深层地下水作为应急备用水源；在用水目标上，优先保证生活用水和最小生态用水量，兼顾经济用水和一般生态用水，在保障供水的前提下兼顾综合利用；在用水阶层中注重提高农村饮水保障程度，保护城市低收入人群的基本用水。

水资源合理配置公平性原则体现在三方面：首先，水资源为国家所有，属于公共资源，区域间有共享的权利；其次，在社会、经济和生态环境协调发展的基础上，各行业用水有共享的权利，因此各种形式的水资源要统筹考虑，相得益彰；最后，当代人与后代人之间对水资源的公平利用原则，即当代人对水资源的利用，不应使后代人正常利用水资源的权利受到破坏。

（4）协调性原则。水的生态属性决定了水资源利用在创造价值的同时，还必须为自然界提供持续发展的基本保障，即满足人类所依赖的生态环境对水资源的需求。当水资源可利用量无法同时满足经济社会发展、生态环境保护用水需求时，首先应合理界定国民经济用水和生态环境用水的比例。

水资源优化配置协调性原则包括以下五方面：一是社会、经济发展以及生态环境保护与区域水资源状况之间的协调；二是近期和远期发展目标对水的需求之间的协调；三是区间和区内不同地区之间、不同用水部门之间水资源利用的协调；四是不同类型水源之间开发利用程度的协调；五是社会、经济和生态环境用水的协调。

（5）系统性原则。区域水资源复合系统是由水资源、社会、经济和生态环境组成的具有整体性功能的复合系统。区域水资源是生态环境中最为活跃的控制性因素，并构成区域社会、经济和生态环境发展的支撑体系。以区域为基本单元的水资源合理配置，从自然角度是对区域水资源演变不利效应的综合调控；从经济角度是对水资源开发利用中各种经济外部性的内部化；从系统角度要注重除害与兴利、水量与水质、开源与节流、工程措施与非工程措施的结合，统筹解决水资源短缺与水环境污染对区域可持续发展的制约问题。

（6）科学性原则。水资源配置不仅要遵循以上原则，而且要遵循水资源配置的规律。例如，要按照泥沙运动规律、分布特征等合理配置泥沙资源，以获得最大效益。

六、水资源优化配置的手段

从上述的原则出发，水资源配置要从以下几方面着手。

（1）空间配置。根据国民经济布局、供水水源和缺水状况，合理确定供水范围，使水资源保障条件与生产力布局相互间更加适应。

（2）时间配置。根据水资源年内、年际的变化规律，通过水库、湖泊和地下水库的调节，以实现水资源量在时间尺度上的合理配置。

（3）用水目标配置。根据用水户的用水特点和各水源的供水能力，确定各供水目标的供水次序，进行部门间的水量分配，重点在于解决经济建设用水挤占生态环境用水、城市与工业用水占用农业用水以及水资源多目标利用中的竞争性用水问题。

（4）水量配置。地表水、浅层地下水、中深层地下水、污水回用水以及调水等多种水源合理调配，提高供水总量和供水保证率，同时减少无效蒸发等损失，高水高用、补偿调节，以节约资源和能源。

水资源利用配置的好坏，不仅关系到它所依托的生态经济系统的兴衰，更关系到对可持续发展战略支撑能力的强弱，必须加强研究和实践，以利于社会、经济的持续发展。

为实现上述配置方式，通常采用的配置手段主要有工程手段、科技手段、行政手段和经济手段。

（1）工程手段。通过采取工程措施对水资源进行调蓄、输送和分配，达到合理配置的目的。时间调配工程包括水库、湖泊、塘坝、地下水等蓄水工程，用于调整水资源的时间分布；空间调配工程包括河道、渠道、运河、管道、泵站等输水、引水、提水、扬水和调水工程，用于改变水资源的地域分布；质量调配工程包括自来水厂、污水处理厂、海水淡化等水处理工程，用于调整水资源的质量。调配的方式主要有地表、地下水联合运用；跨流域调水与当地水联合调度；蓄、引、提水多水源统筹安排；污水资源化、雨水利用、海水利用等多种水源相结合等。

（2）科技手段。建立水资源实时监控系统，准确及时地掌握各水源单元和用水单元的水信息。科学分析用水需求，加强需水管理。采用优化技术进行分析计算，提高水资源规划与调度的现代化水平。

（3）行政手段。利用法律约束机制和行政管理职能，直接通过行政措施进行水资源配置，调配生活、生产和生态用水，调节地区、部门等各用水单位的用水关系，实现水资源的统一管理。水资源统一管理主要体现在两个方面：一是流域的统一管理；二是地域的（主要是城市的）水务的统一管理。

（4）经济手段。按照市场经济要求，建立合理的水使用权分配和转让的管理模式，建立合理的水价形成机制，以及以保障市场运作为目的、以法律为基础的水管理机制。利用经济手段进行调节，利用市场加以配置，使水的利用方向从低效益的经济领域向高效益的经济领域转变，水的利用模式从粗放型向集约型转变，提高水的利用效率。

七、水资源优化配置的机制

水资源配置机制决定了在水资源配置原则下确定的水资源以何种方式在流域、区域、行业和用户之间进行配置。总体来看，目前世界各国所采取的水资源配置机制主要有以下三种：行政配置、市场配置和自主配置。

（1）行政配置。水资源的行政配置也称为计划配置、政府配置、指令配置，是由政府或有关的水管理部门通过行政命令或指令配置水资源的机制。这是一种自上而下的配置方法。由于政府或管理部门掌握或处理信息的能力有限以及对于用水户信息的不了解等，在处理大量的配置信息时，行政配置机制的能力显得不足，容易造成"政府失灵"和出现"寻租"现象。但行政配置的优点是可以保障公共利益和社会利益与生态和环境保护目标的实现。因此，行政配置一般在宏观的层次上比较有效，适应于信息处理较少、信息比较透明的配置，如流域或区域的水资源初始配置、区域内产业水资源的配置等。在满足公共利益、生态和环境保护以及重要的居民生活用水的情况下，行政配置是一种十分有效的水资源配置方式。行政配置在国际上的应用十分广泛，在我国的水资源配置中，"黄河可供水量分配方案"就是行政配置的典型例子。

（2）市场配置。市场配置是应用市场的一些机制和手段来配置水资源。市场机制包括众多的内容，其中应用最多的是经济激励机制，如应用最广泛的价格机制。水权制度也属于市场范畴。根据市场经济的理论，要保证市场在资源的配置中发挥基础性作用，其最根本的是需要建立清晰和有保障的产权制度。应用市场机制配置资源可以保证资源配置的效率。但市场配置不能保证社会目标与生态和环境保护目标的实现，即出现所谓的"市场失灵"。目前，市场在资源配置中发挥了广泛的作用，当前收费的各种水资源配置，如生活用水、工业用水和农业用水的配置都是市场配置资源的例子。在这些水资源的配置中，价格对水资源的配置以及用户的用水行为或多或少会产生作用，从而影响水资源配置的结果。

（3）自主配置。自主配置是近年来出现的水资源配置新方式，即由用水户或相关用水团体自行组织和协商来分配水资源。在灌区层次上，农民参与用水管理就是典型的例子。自主分配的优点是具有较大的灵活性，能充分反映用水户的需求，同时分配的结果也对用水户的用水行为产生直接的影响，能避免同时出现"市场失灵"和"政府失灵"。由于配置范围相对较小，用户参与充分，因此，自主配置具有高透明度，解决了配置中的信息问题。在宏观层次上，自主配置也有一些案例，如通过协商确定的流域或区域水量分配。

尽管以上分析了不同的水资源配置机制，但现实的水资源配置是以上各种机制的综合，这也是由水资源本身的特性所决定的。即使是在我国实行计划经济的时代，城镇居民生活用水其实是应用市场机制进行配置，通过价格影响居民的用水行为；而在实行市场经济时，行政配置也应用得十分广泛。在一个流域内，区域间水量的配置采用行政配置，而区域内用户之间的用水可能采用市场配置，在灌区可能采用自主配置。因此，不同机制的应用决定于具体的水资源问题，决定于配置层次和内容。

第三节　水资源优化配置研究进展

一、国外水资源优化配置研究进展

国外研究水资源优化配置始于 20 世纪 40 年代 Masse 提出的单一枢纽工程（水库）优化调度问题，之后随着系统分析理论和优化技术的引入以及计算机技术的发展，水资源系统模拟模型技术得以迅速发展，并广泛应用于流域水资源的优化分配。目前，国际上水资源配置研究的发展态势可归纳为以下两方面。

（1）以水量配置为主的水资源优化配置。1960 年，美国科罗拉多州的几所大学对计划需水量的估算及满足未来需水量的途径进行了研讨，体现了水资源优化配置的思想。20 世纪 70 年代以来，伴随数学规划和模拟技术的发展及其在水资源领域的应用，水资源优化配置的研究成果不断增多。

（2）水量水质联合优化配置。1971 年，美国的 Bishop 提出了流域水资源管理的概念，引起社会的广泛重视，其优点是可以从水量、水质及其对环境和社会的影响，评价各地区水资源供需状况，协调流域内各地区、各部门之间的水资源分配；国际水资源协会（IWRA）主席 B. Braga 认为流域水资源优化配置是将有限的水资源在多种相互竞争的用户中进行复杂分配，各项目标的基本冲突表现在经济效益与生态环境效益上的冲突；澳大利亚 Murray 流域水管理局实施了 Murray River 规定河道的配水规划，以最小的环境负效益、最大的社会经济效益为优化配水的目标。1995 年，R. A. Fleming 和 R. M. Adams 建立了地下水水质水量管理模型，建模中考虑了水质迁移的滞后作用，并采取用水力梯度作为约束来控制污染扩散，目标仍是经济效益最大。

二、国内水资源优化配置研究进展

我国水资源配置方面的研究虽然起步较迟，但发展很快。20世纪60年代，开始了以水库优化调度为先导的水资源配置研究。改革开放以后，国家重点科技攻关计划通过组织大批科研力量联合攻关，取得了一大批在国内外有影响的、具有国际先进水平的成果，大大推动了我国水资源应用基础研究领域的发展。我国水资源合理配置理论发展历经了以下五个阶段。

（1）第一阶段：就水论水。水资源优化配置包括需水管理和供水管理两方面的内容。在需水方面，通过调整产业结构与生产力布局，积极发展高效节水产业，以适应较为不利的水资源条件。在供水方面，协调各单位竞争性用水，加强管理，并通过工程措施改变水资源天然时空分布与生产力布局不相适应的被动局面。20世纪80年代初，以华士乾教授为首的研究小组对北京地区的水资源配置利用系统工程方法进行了研究，并在国家"七五"攻关项目中加以提高。该项目研究考虑了水量的区域分配、水资源利用效率、水利工程建设次序以及水资源开发利用对国民经济发展的作用，成为水资源系统中水量合理分配的雏形。此阶段存在"以需定供"和"以供定需"两种思想的水资源合理配置模式。

① "以需定供"的水资源配置。"以需定供"的水资源配置，认为水资源"取之不尽，用之不竭"，以经济效益最优为唯一目标，以过去或目前国民经济结构和发展速度资料预测未来的经济规模，通过该经济规模预测相应的需水量，并以此进行供水工程规划。这种思想将各年的需水量及过程均作定值处理，忽视了影响需水量的诸多因素间的动态制约关系，而且修建水利工程的方法是从大自然无节制或者说掠夺式地索取水资源，其结果必然带来不利影响，诸如河道断流、土地荒漠化甚至沙漠化、地面沉降、海水倒灌、土地盐碱化，等等。另外，由于"以需定供"没有体现出水资源的价值，毫无节水意识，也不利于节水高效技术的应用和推广，必然造成社会性的水资源浪费。因此，这种牺牲资源、破坏环境的配置理论，只能使水资源的供需矛盾更加突出。海河、淮河、黄河三流域的地表水现状开发利用消耗率已分别达

到78%、37%和72%，都已超过或是接近40%以下的开发利用率安全警戒线，是我国水资源与经济社会最不适应、供需矛盾最突出的地区。

②"以供定需"的水资源配置。"以供定需"的水资源配置，是以水资源的供给可能性进行生产力布局，强调资源的合理开发利用，以资源背景布置产业结构，它是"以需定供"的进步，有利于保护水资源。但是，水资源的开发利用水平与区域经济发展阶段和发展模式密切相关，比如，经济的发展有利于水资源开发投资的增加和先进技术的应用推广，必然影响水资源开发利用水平，因此，水资源可供水量是与经济发展相依托的一个动态变化量。而"以供定需"的水资源配置理论，在对可供水量分析时，往往与地区经济发展相分离，没有实现资源开发与经济发展的动态协调，并可能由于过低估计区域发展的规模，使区域经济不能得到充分发展，因此这种配置理论不适应经济发展的需要。

（2）第二阶段：基于宏观经济的区域水资源优化配置理论。无论是"以需定供"还是"以供定需"，都将水资源的需求和供给分开考虑，要么强调需求，要么强调供给，都忽视了与区域经济发展的动态协调。于是国家科委和水利部启动了"八五"国家重点科技攻关专题"华北地区宏观经济水资源规划理论与方法"，许新宜、王浩和甘泓等系统地建立了基于宏观经济的水资源优化配置理论技术体系，包括水资源优化配置的定义、内涵、决策机制和水资源配置多目标分析模型、宏观经济分析模型、模拟模型，以及多层次多目标群决策计算方法、决策支持系统等。

基于宏观经济的水资源优化配置，通过投入产出分析，从区域经济结构和发展规模分析入手，将水资源优化配置纳入宏观经济系统，以实现区域经济和资源利用的协调发展。水资源系统和宏观经济系统之间具有内在的、相互依存和相互制约的关系，当区域经济发展对需水量要求增大时，必然要求供水量快速增长，这势必要求增大相应的水利投资而减少其他方面的投入，从而使经济发展的速度、结构、节水水平以及污水处理回用水平等发生变化以适应水资源开发利用的程度和难度，从而实现基于宏观经济的水资源优化配置。但是，作为宏观经济核算重要工具的投入产出表，只是反映了传统经济运行状况，投入产出表中所选择的各种变量经过市场而最终达到一种平衡，这种平衡只是传统经济学范畴的市场交易平衡，忽视了资源自身价值和生态环境的保护，因此，传统的基于宏观经济的水资源优化配置与环境产业的内涵及可持续发展观念不相吻合，环保并未作为一种产业考虑到投入产出的流通平衡中，水环境的改善和治理投资也未进入投入产出表中进行分析，必然会造成环境污染或生态遭受潜在的破坏。

（3）第三阶段：基于二元水循环模式的水资源合理配置。水资源合理配置的目标，是统筹协调社会经济系统、水资源系统、生态系统以及环境之间的关系，追求各系统的可持续发展。"八五"攻关成果虽然考虑了宏观经济系统和水资源系统之间相互依存、相互制约的关系，但是忽视了水循环演变过程与生态系统之间的相互作用关系。水资源系统和生态系统之间相互依存、相互制约的关系主要体现在两方面：一方面，生态系统影响着截留、蒸发、产流、汇流等水循环过程，生态系统的种类和规模对水资源的数量和质量起着至关重要的作用；另一方面，水是支撑生态系统的基础资源，它的演变影响着生态系统的演化。

国家"九五"攻关专题"西北地区水资源合理配置和承载能力研究"在"八五"攻关的基础上，针对水资源合理开发利用和生态环境保护两大目标，进一步将水资源系统与社会经济系统、生态系统三者联系起来，置于流域水资源和生态环境演化的统一构架下，提出了流域"二元"水循环模式和干旱区生态结构理论。所谓流域"二元"水循环，是指在人类发展进程中，不仅全面改变了天然状态下降水、蒸发、产流、汇流、入渗、排泄等流域水循环特性，还在天然水循环的大框架内，形成了由"取水—输水—用水—排水—回归"基本环节构成的侧支循环圈。西北地区流域二元循环之间存在着此消彼长的依存关系，并驱动着干旱区天然生态和人工生态此退彼进的过程。根据合理配置问题的决策特点，该项研究建立了相应的多层次、多目标、群决策求解方法，对流域水资源、社会经济和生态环境三个系统分别用数学模型加以描述和模拟，再用总体模型进行综合集成与优化。该项研究取得了三大应用突破，即提出了干旱区生态需水量计算方法及计算成果、西北水资源合理配置格局与配置方案和西北水资源承载能力。

"西北地区水资源合理配置和承载能力研究"虽然提出了二元水循环的认知模式，但真正实现二元水循环模拟以及提出基于分布式水文模型的层次化全口径水资源评价方法是在"973""黄河流域水资源演变规律与二元演化模型"研究中，该研究将流域分布式水文模型和集总式水资源调配模型耦合起来，是实现二元水循环过程的整体模拟的关键。

（4）第四阶段：以宏观配置方案为总控的水资源实时调度。受流域水资源管理体制的约束，我国流域水资源统一调配实践未能实质性地全面铺开，一些问题严重的流域更多地依靠行政手段进行管理。随着流域水资源问题的普遍化和严重化，流域水资源统一调配与管理具有重大的现实意义和紧迫性，一些流域开始尝试对流域水资源实行统一调配，如黄河流域实行非汛期水量统一调度，防止河道断流。但由于流域水资源真正的统一调配刚刚起步，在调配的技术和系统建设方面还处于探索阶段，能够真正应用于区域水资源管理的调配系统很少，且区域水资源宏观优化配置与微观实时调度系统耦合尚有待加强，现状技术条件远远跟不上流域水资源统一管理和调配的要求。

在此形势下，国家"十五"攻关计划启动"黑河流域水资源调配管理信息系统"专题研究，开展以黑河流域为代表的我国北方半干旱流域水资源统一管理与调度实践研究。该专题提出一套完整的流域水资源调配理论与方法，其中最突出的成果体现在两方面：一是首次提出并实践了以"模拟—配置—评价—调度"为基本环节的流域水资源调配四层总控结构，为流域水资源调配研究提供较为完整的框架体系；二是首次在流域层面实现了水资源宏观配置方案和实时调度方案的耦合与嵌套，进而通过流域水资源调配管理信息系统的构建，为流域水资源的统一调配提供了较为全面的技术支持，同时有效提升我国流域水资源管理决策和信息化水平。

（5）第五阶段：经济生态系统广义水资源合理配置。水资源合理配置是解决区域水资源供需平衡的基础，以往国内外的水资源配置都未能将社会、经济、人工生态和天然生态统一纳入配置体系中，并且在配置水源上，仅考虑地表水和地下水的配置，而对土壤水的配置涉及较少，甚至没有；配置目标也仅考虑传统的人工取用水的供需平衡缺口，对于区域经济社会和生态环境的耗水机理并未详细分析；由于以往的水资源合理配置模型未能与区域水循环模型进行耦合计算，仅根据经验或实验结果对区域水循环之间的转化关系进行简单处理，因此不能正确反映区域各部门、各行业之间的需水要求，导致水资源配置也不尽合理。

　　"宁夏经济生态系统水资源合理配置"攻关项目提出了全新的广义水资源合理配置理论及其研究方法，从广义水资源合理配置的内涵出发，在配置目标上，满足经济社会用水和生态环境用水的需要，维系了"区域社会—经济—生态系统"的可持续发展；在配置基础上，以区域经济社会可持续发展以及区域人工—天然复合水循环的转化过程为基础，揭示了水资源配置过程中的水资源转化规律，以及配置后经济社会和生态系统的响应状况，为区域水资源的可持续利用提供依据。在配置内容上，不仅对可控的地表水和地下水进行配置，还对半可控的土壤水以及不可控的天然降水进行配置，配置的内容更加丰富。在配置对象上，在考虑传统的对生产、生活和人工生态的基础上，增加了天然生态配水项，在对水资源量进行调控的同时，还对水环境即水质情况进行调控，实现水量、水质统一配置。

　　在配置指标上，将配置指标分为三层：第一层为传统的供需平衡指标，反映人工供水量与需水量之间的缺口，用缺水量或缺水率表示；第二层为理想的需要消耗的地表地下水量与实际消耗的地表地下水量之间的差值，用于分析区域消耗黄河水资源量与黄河水量指标限制的关系；第三层为广义水资源（包括降水转化的土壤水在内）的供需平衡指标，即经济和生态系统实际蒸腾蒸发消耗的水量与理想状态下所需水量的差值，反映所有供水水源与实际耗水量之间的缺口。

第五章 水资源优化配置与调度的理论与技术

第一节 水资源优化配置理论

水资源优化配置是涉及人口、资源、生态环境、社会经济的复杂巨系统，因此，水资源优化配置理论也会涉及诸多理论，是多学科领域的交叉与融合。比如，可持续发展理论是水资源优化配置的基本指导思想；水文学原理是水量平衡计算、水量预测与统计、径流分析、水资源转化和水循环规律研究的基础；系统分析思想和方法则是水资源优化配置分析的基本工具；生态学则为水资源优化配置过程中环境保护与改善提供保障。

我国水资源优化配置理论的发展过程反映了我国水资源开发利用模式的不断发展、不断完善和更新的过程，同时也体现了人类对水资源特性和规律逐步认识的历史过程，大致可以归纳为以下几个体系。

一、基于"供、需"单方面限制的优化配置理论

"供、需"单方面的限制是指配置过程中简单地强调供给或需求而进行水资源配置的理论，这方面的理论研究以"以需定供"和"以供定需"的配置理论为代表。"以需定供"方式一般用在水资源充足且水利设施能保障供水的地区，这些地区水资源能满足人们的生产、生活和环境需求，但忽略了水资源的资产属性以及区域协调的要求，忽略了水资源的可持续利用能力，从而造成了水资源的极度浪费。"以供定需"则是在水资源短缺或水利设施不足情势下的配置方式，是以有效的水资源供给来进行水资源的配置，需求被限制于可供应的水资源量，从而造成需求的压抑，社会、工业等活动发展受限。水资源可供水量是与经济发展相依托的一个动态变化量，"以供定需"在可供水量分析时与地区经济发展相分离，没有实现资源开发与经济发展的动态协调，可供水量的确定显得依据不足，并可能由于过低估计区域发展的

规模，使区域经济不能得到充分发展。

二、基于经济最优、效率最高的优化配置理论

社会经济的发展需要水资源的持续供给，包括生活保障、工农业生产、服务用水等；水资源已成为经济生产必不可少的投入成分。经济的发展与水资源密切的关系，导致水资源配置出现了对经济效率、社会发展效益保障的配置偏向。这种理论充分地将经济学的投入产出分析及模型应用于水资源的优化配置，强调了水资源优化配置过程中成本与收入的关系，从水资源利用的多维角度来思考水资源配置在不同领域的投入与产出，且将水资源配置所产生的行业结构变化、经济差异的影响联系起来，综合考虑了水资源不同配置所产生的效益差异，是保障经济迅猛发展的高效配置理论。"八五"计划重要课题"华北地区宏观经济水资源规划理论与方法"在宏观经济水资源配置、规划方面取得了众多成果，促进了我国水资源优化配置的发展。

三、基于资源、社会经济、生态环境统筹考虑的协调优化配置理论

水资源优化配置不能仅从单方面进行考虑，需要综合区域资源禀赋、社会经济状况及生态环境承载能力各方面的因素。水资源可持续发展理论对水资源优化配置具有重要指导意义，其注重水资源利用的可持续性，即在满足当前水资源利用需求的前提下，不损害后代人或后续利用的可持续性的原则是协调优化配置的基本指导原则。协调优化配置充分考虑当前发展的经济形势，遵循人口、资源、环境、经济的协调原则，在保护水环境的同时合理地开发利用，既满足经济发展的效率与效益需求下的水资源供给，又保障了可供持续利用的水环境，是促进国民经济健康稳定发展，生态、水环境协调发展的理想的优化配置理论。但是，由于理想的模式往往缺乏现实的推动力，该理论的研究还局限于特定的区域和理论探讨，未能形成被广泛接受的理论体系。而且，该类型优化配置的研究主要侧重于"时间序列"（如当代与后代、人类未来等）上的认识，对于"空间分布"上的认识（如区域资源的随机分布、环境格局的不平衡、发达地区和落后地区社会经济状况的差异等）基本上没有涉及。可持续水资源利用的研究，难以达到理想的可持续的境界，但是在摒弃片面追求每一项最优的情况下，在人口、资源、环境与经济

间可以找到次优或总体目标最优的均衡点则是协调优化配置理论一直以来的研究重点。

四、"三生水"配置理论

水资源的需求对象很多，但是大致可以分为三部分：生产需水、生活需水以及生态环境需水，即通常所说的"三生水"。"三生水"配置理论以满足基本生活需水为前提、保障基本生态环境需水为出发点、合理规划生产需水为目的，实现水资源的可持续利用，促进社会经济、生态环境与资源的协调健康发展。

"三生水"配置理论是水资源可持续发展理论的具体实现，将水资源需求分配为生产用水、生活用水以及生态环境需水三部分，在相应目标下生态环境需水量得到充分考虑的前提下进行生产和生活用水的配置，实现区域发展和水资源系统开发的协调发展，既保障区域社会经济的充分发展，也保证区域生态环境免遭破坏。因此，"三生水"配置理论将是实现水资源优化配置的主要发展方向之一。

(一)"三生水"配置理论框架

"三生水"优化配置理论是可持续发展理论的深入和具体化。生产需水包括工业用水和农业灌溉用水两部分；生活需水是指城镇居民生活用水和农村人畜用水；生态环境需水量则是指包括环境改善、环境保护以及生物维持其自身发展与保护生物多样性所需要的水量。

生活、生产与生态三者之间相互联系、密不可分。生活是人类各种行为的主要目的，通常用物质消费数量来表征生活水平的高低。生产的主要目的是满足生活的需要，生活所消费的产品与服务是由生产活动来提供的。实现生产与生活之间的均衡，也就是生产的产品完全被人类的生活所消费，是社会经济系统正常运行的一个必然要求。

如果生产的产品没有被生活所消费，则会出现生产与生活之间的矛盾，而当这种矛盾到了一定规模与范围后，整个社会就会出现传统意义上的经济危机。生态系统是人类进行生产与生活活动的生物物理基础，它为人类的各种经济活动提供最终的"源与汇"服务。人们在进行生产与生活的活动中，必须从环境中索取资源 (生产资源与生活资源)，并必然要将所产生的废物 (生产废物与生活废物) 排放到环境中去，但是生态系统承载人类活动的规模与能力是有限的。当资源的索取数量与废物的排放数量和种类超过了生态系统的承载能力，将导致后者的结构与功能的破坏，从而表现为环境污染或者生态破坏。当生产和生活与生态之间的矛盾达到一定的程度，就会出现所谓的环境危机。显然，处于一种"病态"的自然环境，也就不可能很好地支持生产的发展，满足人们生活对生态环境的资源性与质量性的需求。基于此，"三生水"优化配置理论的目标就是通过合理配置水资源，保证生活、生产和生态的共同发展、协调发展，实现"三生共享，三生共赢"，促进区域社会经济可持续发展。

"三生水"优化配置理论以水资源的可持续利用为指导思想，强调社会经济—人口—资源生态环境的协调发展，遵循水资源的供需平衡，时间和空间上的水量水质统一控制。更重要的是"三生水"优化配置理论特别突出生态环境的保护，生态环境需水量的计算和配置是水资源优化配置的核心内容，它是从生态环境的角度实现水资源在区域生产及生活中的合理分配，以追求区域生态效益与区域社会经济协调发展的水资源优化配置模式。

(二)"三生水"配置理论核心内容

从上述分析可知，"三生水"优化配置理论的基本指导思想可以概括为"生态环境优先，社会和谐发展"，它的具体内容可以从下面几方面进行阐述。

1. 水量平衡

水量平衡是水资源配置和管理的基本要求，它贯穿于水资源优化配置的始终。首先，水量平衡包括研究区域水资源总量的科学计算、时空分布规律分析以及水资源构成统计；其次，分析研究区域可开发利用的水资源总量，可开发利用量才是进行水资源优化配置的可操作的水资源总量，在水资源优化配置的整个过程中都必须满足水资源配置总量小于或者等于区域可利用水资源总量，以实现区域水量平衡。

2. 水质控制

事实上，离开水质谈水量是没有任何意义的，只有满足相应水质要求的配置水量才有实际价值。因此，水质模拟和控制是"三生水"优化配置理论的重要内容。建立河段、河流以至区域或流域的水质模拟模型进行控制断面或者控制河段的水质模拟和预测，以保证各用水单位的水质要求，水质控制和水量分配相结合，实现水质水量联合调度，使用水单位在水量、水质上都得到安全保障。

3. 供需协调

供需分析是水资源优化配置的重要内容，水资源优化配置的目的就是要进行水资源的供、需协调，使之最大限度地满足水资源的需求量，保证社会经济的高速稳定发展，同时需水量不能超过区域水资源本身的供水能力，需水分析主要包括生态环境需水、生活需水和生产需水三部分。

4. 时空调节

水资源的形式多种多样，有降水、洪水、径流、二次水等。一方面，比如降水、洪水等的发生具有随机性，同时还具有量大时短的特点，为此人类修建了大量的水利工程，如水库，通过水利工程的合理调度可以达到削峰消洪、蓄水调水的目的，从而解决来水和用水之间的时间分布不协调问题；另一方面，在很多地方都存在水资源量在空间上分布不均的状况，如我国就明显存在南多北少的水资源不平衡问题。在水资源优化配置中可以通过两条途径来解决这一难题，一是工程措施，即建设调水工程将水资源丰富地区的水量调入缺水区，如南水北调工程；二是从社会经济发展和产业布局出发，所谓量体裁衣，根据研究区域的水资源现状和开发潜力来布置和优化区域产业结构，实现区域社会经济发展和水资源合理开发利用的协调发展。当然，多数情况下需要多种手段同时采用，这应根据具体情况来研究确定。

5. "四水"转换

"三生水"优化配置理论中的"四水"是指降水、地表水、土壤水和地下水，它们互相依存、相互转换，关系复杂，在"三生水"优化配置分析中必须分别对待，合理利用，在量上要准确计算避免重复，同时，针对研究区域的特点综合分析各种水源的合理开发利用模式。

6. 社会经济

水资源优化配置的目的之一就是要保证区域社会经济的协调快速发展，因此，水资源优化配置必然与区域社会经济发展水平密切相关，区域社会经济发展水平以及产业结构状况也是水资源优化配置中进行水量分配的依据。主要包括工业、农业、人口发展水平和发展规模的模拟和预测，可以通过投入产出分析模型、生产函数分析模型以及其他统计或经验模型等进行模拟计算，从而实现水资源系统和社会经济系统的有机统一。

五、水资源优化配置理论评述

目前的水资源优化配置理论，有的不科学不合理，有的不成熟不完善。同时，虽然可持续发展理论体现了资源、经济、社会、生态环境的协调发展，但目前多是理论研究和概念模型的设计，不便于实际操作。传统的投入产出分析中未能反映生态环境的保护，不符合可持续发展的观念，但基于宏观经济的投入产出分析的水资源优化配置，由于分析思路与目前国家统计部门统计口径相一致，相关资料便于获取，具有可操作实用性。因此，将宏观经济核算体系与可持续发展理论相结合，对现行的国民经济产业以环保产业和非环保产业分类进入宏观经济核算，将资源价值和环境保护融入区域宏观经济核算体系中，建立可持续发展的国民经济核算体系势在必行，以形成水资源优化配置新理论。这一新的理论体系目前实施虽然难度很大，但是只有这样才能彻底改变传统的不注重生态环境保护的国民经济核算体系，使环保作为一种产业进入区域国民经济核算体系，实现真正意义上的水资源可持续利用。"三生水"配置理论很好地体现了生态环境保护以及水资源可持续开发利用的主要思想，是水资源可持续利用的具体体现，将是水资源优化配置的重要理论，但其中生态环境用水量计算理论和方法还在探索实践中，有待进一步完善。

另外，我们应该看到，上述各种水资源配置理论在实际应用中又是相互渗透、相互补充的，并没绝对的界限。比如，宏观经济调控理论可以作为水资源优化配置中社会经济模块构建的基本模型，而供需平衡分析则是任何水资源优化配置系统中必须考虑且不可缺少的内容，"三生水"配置理论中各种用水计算模型或公式可应用于各种理论中。

最后，任何水资源优化配置理论都必须充分体现并贯彻可持续发展理论思想。因此，各种理论的发展与完善，以及各种理论的合理交叉渗透与耦合必将是水资源优化配置理论的发展方向和实现途径。

第二节　水资源优化配置基本原则

水资源优化配置的目标是满足人口、资源、环境与经济协调发展对水资源在时间上、空间上、用途和数量上的要求，使有限的水资源获得最大的利用效益，促进社会经济的发展，改善生态环境。因此，水资源优化配置必须遵循如下主要原则。

一、可持续发展原则

其目的是使水资源永续地利用下去，也可以理解为代际间水资源分配的公平性原则。它要求近期与远期之间、当代与后代之间在水资源的利用上需要一个协调发展、公平利用的原则，而不是掠夺性地开发利用，甚至破坏，即当代人对水资源的利用，不应使后代人正常利用水资源的权利遭到破坏。由于水资源是一种特殊的资源，是通过水文循环得到恢复与更新的，不同赋存条件的水资源，其循环更新周期不同，所以应区别对待。例如，地下水（尤其是深层地下水），其补给循环周期十分长，过度开发会在质量和数量上影响子孙后代对水资源的利用，还会引起一系列生态环境问题，因此，可持续性原则要求一定时期内其地下水开采量不大于其更新补给量。对地表水，由于水文循环比较频繁，当代人不可能少用一部分水资源而留给后人使用，若不及时利用，就会"付之东流"。当代人的主要任务是如何保护水资源的再生能力，只要当代人的社会经济活动不超过流域或区域水资源的承载能力，并且污染物的排放不超过区域水环境容量，便可使水资源的利用满足可持续性原则。水资源优化配置作为水资源可持续理论在水资源领域的具体体现，应该注重人口、资源、生态环境以及社会经济的协调发展，以实现资源的充分、合理利用，保证生态环境的良性循环，促进社会的持续健康发展。

二、节约高效原则

从经济学的观点可解释为：水是有限的自然资源，国民经济各部门对其使用并产生回报。经济上有效的水资源分配，是水资源利用的边际效益在各用水部门中都相等，以获得最大的效益，即在某一部门增加一个单位的水资源利用量所产生的效益，在其他任何部门也是相同的。否则社会将分配这部分水资源给能产生更大效益的部门。需要强调的是这里的高效性不单纯是经济意义上的高效性，它同时包括社会效益和环境效益，是针对能够使经济、社会与环境协调发展的综合利用效益而言的。目前，我国的水资源有效利用率较低，单方水的产出明显低于发达国家，节水尚有较大潜力。节约用水和科学用水应成为水资源合理利用的核心和水资源管理的首要任务。农业节水的重点，在于进一步减少无效蒸发与渗漏损失，提高水分利用效率，达到节水增产的目的。工业节水应通过循环用水，提高水的重复利用率，降低定额和减少排污量。城市生活用水应推广节水生活器具，减少生活用水的浪费。随着我国城市化的发展，预计用水会有较大增长，应大力加强城市和工业节水工作。

三、公平性原则

以满足不同区域间和区域内社会各阶层间，以及个人间对水资源及其效益的合理分配利用为目标，它也许遵循高效性原则，也许与高效性原则有冲突，它既体现为一种权利，也体现为一种义务。在我国，水资源所有权属于国家，即人人都是水资源的主人，在水资源使用权的分配上人人都有使用水的权利（尤其是在基本生活用水方面，原则上应人人均等）；同时，人人都有保护水资源的义务。"谁浪费，罚谁款；谁污染，谁治理；谁破坏，谁负责。"其实，各目标的协调发展在某种意义上也是公平性的体现。

第三节　水资源优化配置手段

一、工程手段

通过采取工程措施对水资源进行调蓄、输送和分配，达到合理配置的目的。时间上的调配工程包括水库、湖泊、塘坝、地下水等蓄水工程，用于调节水资源的时间分布；空间上的调配工程包括河道、渠道、运河、管道、泵站等输水、饮水、提水、扬水和调水工程，用于改变水资源的地域分布；

质量上的调配工程包括自来水厂、污水处理厂、海水淡化等水处理工程，用于调节水资源的质量。

二、行政手段

利用法律约束机制和行政管理职能，直接通过行政措施进行水资源配置，调配生活、生产和生态用水，调节地区、部门等各用水单位的用水关系，实现水资源的统一优化调度管理。水资源的统一管理主要体现在流域的统一管理和地域的(主要是城市的)水务统一管理两方面。

三、经济手段

按照社会主义市场经济规律的要求，通过建立合理的水使用权分配转让的经济管理模式，建立合理的水价形成机制，以及以保障市场运作的法律制度为基础的水管理机制。利用经济手段进行调节，利用市场加以培植，使水的利用方向从低效率的领域转向高效率的领域，水的利用模式从粗放型向节约型转变，提高水的利用效率。

四、科技手段

通过建立水资源实时监控系统，准确、及时地掌握各水源单元和用水单元的水信息，科学分析用水需求，加强蓄水管理，采用优化调度决策系统进行优化决策，提高水调度的现代化水平，科学、有效、合理地进行水资源配置。

由于我国水资源时空分布与经济产业结构布局的严重失调，必要的工程措施(如大中型调节水库、跨流域调水工程)是解决水资源区域分配不均的重要手段，与此同时，还必须认识到对于水资源严重短缺的我国，仅靠工程措施来实现水资源的可持续利用是不够的，还必须强化非工程的措施，如大力推广节水技术，加强水资源开发利用的统一管理等。

第四节　水资源优化配置模型构建概述

水资源优化配置是涉及社会经济、生态环境以及水资源本身等诸多方面的复杂系统工程，水资源优化配置的目的就是要综合考虑各方面的因素，既要各方面协调发展，又要使得各方面都尽可能地得到充分发展，保证区域可持续发展。水资源优化配置的最终实现是通过构建和求解水资源优化配置模型。

模型建立就是确定决策变量与决策目标之间的函数关系，并依据区域特性给出相应的约束条件。一方面，可以利用足够的历史统计数据资料确定决策变量与决策目标之间的函数关系式，建立水资源配置综合模型，如采用这种方法建立某市人口、资源、环境与经济协调发展的多目标规划模型；另一方面，通过系统考虑涉及社会、经济、资源和环境方面的各种要求，考虑多种目标建立大系统模型。这种方法在实际使用中已显示出它们的优越性，是一种适合于复杂系统综合分析需要的方法，如宏观经济系统、生产效益函数法、投入产出分析、大系统分解协调理论等。由于线性规划有标准的求解方法，且线性规划求解的算法程序很易得到，因而在实际操作中常常把许多复杂的水资源规划问题构造成为线性规划模型。

20世纪80年代初，由华士乾为首的课题组对某市的水资源利用系统工程方法进行了研究，并在"七五"国家重点科技攻关项目中加以提高和应用。该项研究成果考虑了水量的区域分配、水资源利用效率、水利工程建设以及水资源开发利用对国民经济发展的作用，成为我国水资源配置研究的雏形。"水资源优化配置"一词，在我国正式提出是1991年，当时，为了借鉴国外水资源管理的先进理论、方法和技术，在国家科委和水利部的领导下，中国水利水电科学研究院陈志恺和王浩等在1991—1993年承担了联合国开发计划署的技术援助项目"华北水资源管理（UNDPCPR/88068）"。此项目首次在我国构建出了华北宏观经济水资源优化配置模型，开发出了京、津、唐地区宏观经济水规划决策支持系统，它包括由宏观经济模型、多目标分析模型和水资源模拟模型等七个模型组成的模型库，由Oracle软件及ARC/INFO软件支持的数据库和多级菜单驱动的人—机界面等，实现了各模型之间的连接与信息交换。

随后，原国家科委和水利部又启动了"八五"国家重点科技攻关专题"华北地区宏观经济水资源规划理论与方法"，许新宜、王浩和甘泓等系统地建立了基于宏观经济的水资源优化配置理论技术体系，包括水资源优化配置的定义、内涵、决策机制和水资源配置多目标分析模型、宏观经济分析模型、模拟模型，以及多层次多目标群决策计算方法、决策支持系统等。中国水利水电科学研究院、黄河水利委员会和长江水利委员会等，分别结合亚洲银行海南项目、UNDP 华北水资源管理项目、国家"八五"攻关"华北地区宏观经济水资源配置模型""世界银行黄河流域经济模型""新疆北部地区水资源可持续开发利用"项目以及南水北调项目等，开发和改进了水资源配置优化模型和模拟模型，有效地解决了一批区域性水资源综合规划问题，取得了较好的效果。甘泓、尹明万结合邯郸市水资源管理项目，率先在地市一级行政区域研究和应用了水资源配置动态模拟模型，并开发出界面友好的水资源配置决策支持系统。马宏志、翁文斌和王忠静根据可持续发展理论，在总结和延伸了水资源规划的多目标发展、相互作用、动态与风险性、公众接受和滚动规划的原则基础上，提出一种交互式宏观多目标优化与方案动态模拟相结合的决策支持规划思想和操作方法，用分段静态长系列法模拟水资源系统的动态特性，开发出相应的规划决策支持系统。尹明万和李令跃等结合大连市大沙河流域水资源实际情况，研制出第一个针对小流域规划的水资源配置优化与模拟耦合模型。

在"九五"期间，国家又启动了"九五"国家重点科技攻关项目"西北地区水资源合理开发利用与生态环境保护研究"，将水资源配置的范畴进一步拓展到"社会经济—水资源—生态环境"系统，配置的对象也发展到同时配置国民经济用水和生态环境用水，并且研究和提出了生态需水量计算方法。甘泓和尹明万等结合新疆的实际情况，研制出了第一个可适用于巨型水资源系统的智能型模拟模型。该模型有两个突出特点：一是考虑了生态供水的要求；二是水系统巨大，要素众多，为保证计算精度和加快计算速度，模型中采用了智能化技术。谢新民、秦大庸等根据宁夏的实际情况和亟待研究解决的问题，基于社会经济可持续发展和水资源可持续利用的观点，利用水资源系统分析的理论和方法，分析和确立宁夏水资源优化配置的目标及要求，建立的水资源优化配置模型系统由四个计算模型和两种模式组成，分别为：浅层地下水模型、需水预测模型、基于灌溉动态需水量计算的水均衡模型、目标规划模型，以及南部山区当地水资源高效利用模式、引黄灌区地表水与地下水联合高效利用模式等。通过各模型之间不断交换信息、循环迭代计算，对各种方案进行分析和计算，然后建立了能评价和衡量各种方案的统一尺度，即评价指标体系，利用所建立的评价模型对各方案进行分析和评价，最后研制出水资源配置智能型决策支持系统，可为决策者或决策部门提供全面的决策参考和可供具体操作、实施的水资源优化配置推荐方案，为宁夏回族自治区水资源的合理开发和可持续利用提供决策支持。王浩、秦大庸和王建华等在"黄淮海水资源合理配置研究"中，首次提出水资源"三次平衡"的配置思想，系统地阐述了基于流域水资源可持续利用的系统配置方法，其核心内容是在国民经济用水过程和流域水循环转化过程两个层面上分析水量亏缺态势，并在统一的用水竞争模式下研究流域之间的水资源配置问题，是我国水资源配置理论与方法研究的新进展。

王劲峰和刘昌明等针对我国水资源供需平衡在空间上的巨大差异造成的区际调水的需求，提出了水资源在时间、部门和空间上的三维优化分配理论模型体系，包括含4类经济目标的目标集、7类变量组合的模型集和6种边际效益类型的边际效益集，由此组成了168种优化问题，并提出相应的解析解法。王浩、秦大庸和王建华系统地阐述了在市场经济条件下，水资源总体规划体系应建立以流域系统为对象、以流域水循环为科学基础、以合理的配置为中心的系统观，以多层次、多目标、群决策方法作为流域水资源规划的方法论。尹明万和谢新民等结合河南省水资源综合规划试点项目，根据国家新的治水方针和"三先三后"的原则，在国内外首次建立了基于河道内与河道外生态环境需水量的水资源配置动态模拟模型，无论从规划思想、理念和理论上，还是从模型技术、仿真与求解方法上都有所创新和突破，该模型是一个充分反映了水资源系统的多水平年、多层次、多地区、多用户、多水源、多工程的特性，能够将多种水资源进行时空调控，实现动态配置和优化调度模拟有机结合的模型系统，为科学地制订各种水资源配置方案提供了强有力的技术支撑。

第六章 水资源优化配置与调度的量化分析

第一节 水资源总量分析

水资源优化配置与调度的最终目的是提出可以实际操作的定量配水方案，因此，正确计算区域水资源总量在各个行业或部门的分配量就成为水资源优化配置模型建立与调度的主要内容。本章较为详细地介绍水资源优化配置的过程中各种水量的计算公式和模型，供水资源优化配置模型中的定量计算做参考。

一、水资源评价概述

水资源评价通常指水资源的数量、质量、时空分布特征、开发利用条件及可控性的分析评定，是水资源的合理开发利用、管理和保护的基础，也是国家或地区水资源有关问题的决策依据。

水资源在地区上和时间上分布都不均匀。为了满足各部门用水需要，必须根据水资源时、空分布特点，修建必要的蓄水、引水、提水和调水工程，对天然水资源进行时空再分配。由于兴建各种水利、水电工程受到自然、经济和技术条件的制约，可利用水资源的数量及其保证程度有一定限制。因此，在水资源评价中，不仅要研究天然水资源的数量，而且要研究各种保证率的可利用水资源的数量，同时，还要科学地预测社会经济不同发展阶段的用水需要量和供需矛盾；通过供需平衡分析，为水资源的合理开发利用和科学管理指出方向，这是水资源评价的最终目的。

水资源评价的重点对象一般是在现实经济技术条件下便于开发利用的淡水资源，特别是能迅速恢复补充的淡水资源，包括地表水资源和地下水资源两部分。地表水与地下水处在统一的水文循环之中，它们密切联系、相互转化，构成了完整的水资源体系。因此，必须统一评价地表水和地下水资源，以免水量的重复估算。水资源的使用价值取决于水的质量，在评价水资源数量的同时，还应根据用水的要求，对水质做出评价。

水资源评价主要包括三个阶段：①基础评价，即收集并整理已有的水文、气象、水文地质资料以及为进行插补用的其他有关辅助性资料，如地形地貌、地理环境等资料；②进一步改进及扩充水文站网，进行细部调查以取得更详细的资料及信息；③对为适应水的供需要求，而提引地表及地下水的管理和控制措施的建议及其评价，包括对评价范围内全部水资源数量、质量及其变化的幅度、时空分布特征和可利用量的估计，各类用水的现状及其前景，评价全区及分区水资源供需状况，预测可能解决水的供需矛盾的途径，为控制水所采取工程措施的正负两方面效益评价及政策性建议等。

二、地表水资源量

地表水资源是指既有经济价值又有长期补给保证的重力地表水，即当地地表产水量，它是河川径流量的一部分，因此可以通过对河川径流量的分析来计算地表水资源量。河川径流量即水文站能测到的当地产水量，它包括地表产水量和部分（也可能是全部）地下产水量，是水资源总量的主体，也是研究区域水资源时空变化规律的基本依据，有的国家就将河川径流量视为水资源总量。在多年平均情况下，河川年径流量是区域年降水量扣除区域年总蒸发量后的产水量，因此河川径流量的分析计算，必然涉及降水量和蒸发量。在无实测径流资料的地区，降水量和蒸发量是间接估算水资源的依据。在天然情况下，一个区域的水资源总补给量为大气降水量；总排泄量为总径流量（地表、地下径流量之和）与总蒸发量之和；总补给量与总排泄量之差则为蓄水变量。

（一）降水量

根据水资源评价工作的要求，降水量的分析与计算通常要确定区域年降水量的特征值，研究年降水量的地区分布、年内分配和年际变化等规律，为水资源供需分析提供区域不同频率代表年的年降水量。具体内容如下：

（1）绘制多年平均年降水量及年降水量变差系数等值线图。

（2）研究降水量的年际变化，推求区域不同频率代表年的年降水量。

（3）研究降水量的年内变化，推求其多年平均及不同频率代表年的年内分配过程。

1. 资料分析

（1）资料的收集。

①了解并收集研究区域内水文站、雨量站、气象站（台）的降雨资料。

②收集部分系列较长的外围站的记录，了解研究区域外围降雨量分布情况，以正确绘制边界地区的等值线图，并为地区拼接协调创造条件。

③摘录的资料应认真核对，并对资料来源和质量予以注明，如站址的迁移、两站的合并，以及审查意见等。

④选择适当比例尺地形图作为工作底图，要求准确、清晰、有经纬度，并能反映地形地貌的特征，以便勾绘等值线时考虑地形对降水及其他水平衡要素的影响。

⑤收集以往有关分析研究成果，如水文手册、图集、特征值统计和有关部门编写的水文、气象分析研究文献，作为统计分析、编制和审查等值线图等的重要参考资料。

分析依据站应选择质量较好，系列较长、面上分布均匀，并且能反映地形变化影响的站点。在选站时可参考以往分析成果，根据降雨量地区分布规律和年降雨量估算精度的要求选取。

（2）资料的审查。

①降雨量特征值的精度取决于降雨量的可靠程度。为保证成果质量，对选用资料应进行以特大、特小数值和中华人民共和国成立前的资料为审查重点，进行必要审查和合理性检查。

②资料的审查一般包括可靠性审查、一致性审查和代表性分析三个方面。通常可通过单站历年和多站同步资料的对照分析，研究其有无规律可循。对于特大、特小等极值要注意分析原因，视其是否在合理的范围内；对突出的数值，往往要深入对照其汛期、非汛期、日、月的有关数值；在山丘区，发现问题要分析测站位置和地形的影响。

③对采取的以往整编资料中的数据，也要进行必要的审查。

④资料的审查和合理性检查必须贯穿于工作的各个环节，如资料的抄录、插补延长、分析计算和绘制等值线图等。

（3）系列代表性分析。系列代表性分析主要是为了分析不同长度系列的统计参数（均值、C_v）的稳定性和了解多年系列丰、枯周期的变化情况，作为资料插补延长的参数。

一般可选40年以上的长系列作为分析依据。向前计算不同时段（n=15，20，25，30，40，…）系列的均值，并与长系列计算值比较，分析其稳定性。还可以绘制长系列年降雨量过程线、差积曲线和5年滑动平均过程线，分析丰、枯交替变化的规律，评定其代表性。

（4）资料的插补延长。由于我国大部分水文站实测资料年限很短，为了减少抽样误差，提高统计参数的精度，应根据各地具体情况进行适当的插补延长，以保证成果的可靠性。

在插补延长资料时，必须要保证精度。相关关系要有明确的因果关系，相关关系较好，相关曲线外延部分一般不超过相关曲线实测点据变幅的50%，展延资料的年数不宜过长，最多不超过实测年数。

可以根据具体情况采取不同方法插补延长。在气候、地形条件一致时，可搬用邻站同期降雨量资料，或采用附近各站同期降雨量的均值；非汛期降雨量较少，各年变化不大，可用同月降雨量各年平均值插补缺测月份；在年降雨量缺测时，可用该年的降雨量等值线图内插，可用相关法插补延长。在相关分析时，必须选用资料系列较长、资料较好、气候条件与缺测站相一致的参证站。

2. 降水量参数等值线的绘制

（1）分析代表站的选择。降水量分析一般选择资料质量好、实测年限较长、面上分布均匀和不同高程的测站作为代表站。站网密度较大的区域，要优先选择实测年限较长并有代表性的测站，实测年限较短的站点只能作为补充或参考。在我国东部平原地区，降水量梯度较小，主要按分布均匀作为选站的原则。在山区，设站年限一般较短，可根据实际情况降低要求，在个别地区，只有几年观测资料。即使系列很短，也极其宝贵，需用作勾绘多年平均年降水量等值线的参考。

分析代表站选定后，还要尽可能多地收集分析代表站的降水量资料。降水资料的来源主要有《水文年鉴》《水文图集》《水文资料》《水文特征值统计》以及有关部门编写的水文、气象分析研究报告。有些资料则需到水文、气象等部门摘抄。有了充分的资料，才能比较全面、客观地描述降水量的统计规律，以保证所绘出的统计参数等值线图可靠合理。

（2）年降水量统计参数的分析计算。年降水量统计参数有：多年平均年降水量、年降水量变差系数、年降水量偏态系数。我国普遍采用的确定统计参数的方法是图解适线法，采用的理论频率曲线为 p-Ⅲ 型曲线。计算时注意，由于同步系列不长，对于特丰年、特枯年年降水量的经验频率，最好由邻近的长系列参证站论证确定，或由旱涝历史资料分析来确定，以避免偶然性。

（3）降水量参数（均值、C_v）等值线图的绘制。

①将分析计算的各站年降水量统计参数均值和 C_v 值，分别标注在带有地形等高线的工作底图的站址处。根据各站实测系列长短、资料可靠程度等因素，将分析代表站划分为：主要站、一般站和参考站，绘制等值线图以主要站数据作为控制。

②绘图前，要了解本地区降水成因、水汽来源、不同类型降水的盛行风向，本地区地形特点及其对成雨条件的影响等。还应搜集以往《水文手册》《水文图集》等分析成果，弄清降水分布趋势及其量级变化，为勾绘等值线图提供依据。

③勾绘等值线。按"主要站为控制，一般站为依据，参考站作参考"的原则勾绘等值线。勾绘时要重视数据，但不拘泥于个别点据；要充分考虑气候和下垫面条件，参考以往分析成果。绘制山区降水量等值线时，应当注意地形、高程、坡向对降水量的影响。一般来说，随着高程的增加，降水量逐渐增大，但达到某一高程后不再加大，有时反而随高程的增加而减小。从我国部分地区年降水量与高程的关系可以看出这一点。因此，应根据山区不同高程、不同位置的雨量站实测降水量资料，建立降水量与高程的相关图或沿某一地势剖面的降水量分布图，分析降水量随高程的变化。在地形变化较大的地区，可选择若干站点较多的年份，绘制短期（3~5年）平均年降水量等值线图，作为勾绘多年平均年降水量等值线图的参考依据。通常，山区降水量等值线与大尺度地形走向一致，要避免出现降水量等值线横穿山脉的不合理现象。

④年降水量变差系数 C_v 值，一般在地区分布上变化不大。但由于可作

依据的长系列实测资料的站点不多，多数站点经插补展延后系列参差不齐，算出的 C_v 值仅可供参考。C_v 值是由适线最佳而确定的，有一定的变化幅度，对突出点据，要分析其代表性，是否包括丰、枯年的资料，并要与邻站资料进行对比协调。有的区域幅员较大，难以绘制 C_v 等值线图，有人建议采用分区综合法确定各分区的 C_v 值作为该分区的代表值，不绘制等值线图。

（4）等值线图的合理性分析。对绘制的多年平均年降水量及年降水量变差系数等值线图进行合理性分析，主要从以下几方面进行。

①检查绘制的等值线图是否符合自然地理因素对降水量影响的一般规律。其规律是：靠近水汽来源的地区年降水量大于远离水汽来源的地区；山区降水量大于平原区；迎风坡降水量大于背风坡；高山背后的平原、谷地的降水量一般较小；降水量大的地区 C_v 值相对较小。如经检查，等值线图不符合这些规律的，应进行分析修正。

②检查绘制的等值线与邻近地区的等值线是否衔接；与以往绘制的相应等值线有无明显的差异。发现问题应进一步分析论证。

③检查绘制的等值线图与陆面蒸发量、年径流深等值线图之间是否符合水量平衡原则。如发现问题应按水量平衡原则进行协调修正。

3.区域多年平均及不同频率年降水量

根据区域内实测降水量资料情况，区域多年平均及不同频率年降水量的计算有以下两种途径。

（1）区域年降水量系列直接计算法。当区域内雨量站实测年降水量资料充分时，可用区域实测的年降水量资料系列直接计算。

①根据区域内各雨量站实测年降水量，用算术平均法或面积加权平均法，算出逐年的区域平均年降水量，得到历年区域年降水量系列。

②对区域年降水量系列进行频率计算，即可求得区域多年平均的年降水量及不同频率的区域年降水量。

（2）降水量等值线图法。对实测降水量资料短缺的较小区域，可用降水量等值线图间接计算。

①区域降水量等值线图的转绘与补充。为了反映区域内各计算单元降水量的差别，将大面积多年平均年降水量和 C_v 值等值线图转绘到指定区域较大比例尺的地形图上。如本区再无新资料补充，且认为大面积等值线图能

够反映本区降水量的变化情况时，则可按原等值线的梯度变化适当加密线距，作为本区多年平均年降水量计算的依据。如本区有补充资料或大面积的等值线图与本区实际情况出入较大时，对原等值线则要加以调整和补充。这时，应充分收集本区域原勾绘等值线未入选的、近年增加的（包括新设站）的实测降水量资料，补充进行单站年降水量特征值的计算，加密工作底图上的点据。然后根据补充资料及原有资料的可靠性、代表性等，考虑地形、地貌、气候等因素对年降水量的影响，综合分析等值线图的合理性，绘制本区域站点数据更多、比例尺更大、等值线间距更小的年降水等值线图。

②区域多年平均年降水量的计算。在转绘、加密的多年平均年降水量等值线图上划出本区域范围，量算等值线间的面积，采用面积加权法求得本区域多年平均年降水量。

当区域面积较大时，上述两种方法的计算成果将有明显的差别。因为区域面积加大后使区域平均年降水量的年际变化匀化，即区域年降水量的变差系数随区域面积加大而减小，与单站点年降水量的变差系数有较大差别。因此，当区域面积较大时，尽量采用区域年降水量系列直接频率计算。

4.区域年降水量的年内分配

降水量的年内分配可采用两种方式来表示。

（1）降水量百分率及其出现月份分区图。选择资料质量好、实测系列长且分布比较均匀的测站。分析计算多年平均连续最大4个月降水量占多年平均年降水量的百分率及其出现时间。绘制连续最大4个月降水量占年降水量百分率等值线及其出现月份分区图。

（2）各代表站不同频率的降水量年内分配。通常采用典型年法。在上述分析的基础上，按降水的类型等特性划分小区。在每个小区中选择代表站，按实测年降水量与某一频率的年降水量相近的原则选择典型年，分析不同典型年年降水的月分配过程。除此以外，还可以关键供水期降水量推求其年内分配。

（二）蒸发量

蒸发量是水量平衡要素之一，它是特定地区水量支出的主要项目。工作中要研究的内容包括水面蒸发和陆面蒸发两方面。

1. 水面蒸发

水面蒸发是反映陆面蒸发能力的一个指标，它的分析计算对于探讨陆面蒸发量时空变化规律、水量平衡要素分析及水资源总量的计算都具有重要作用。在水资源评价工作中，对水面蒸发计算的要求是：研究水面蒸发器折算系数，绘制年平均年水面蒸发量等值线图。

（1）水面蒸发器折算系数。水面蒸发器折算系数是指天然水面蒸发量与某种型号水面蒸发器同期蒸发量的比值。我国水利部门用于水面蒸发观测的仪器型号不一，主要有 E_{601} 型蒸发器（或其改进型）等。各种蒸发器性能不同，测得的水面蒸发量也不相同。因为水面蒸发量的大小除受温度、湿度和风速等因素影响外，还受蒸发器型式、尺寸、结构和制作材料及周围地形等因素的影响。因此，虽然水面蒸发折算系数的研究成果很多，但相互对比往往有较大的差别。不同型号的蒸发折算系数相差很大，同型号的蒸发折算系数也随时间、空间而变化。

水面蒸发器折算系数的时空变化，一般取决于天然水体蒸发量和蒸发器蒸发量影响因素的地区差别，分析结果表明：

①折算系数随时间而变。年际间折算系数不同，年内有季节性变化。一般呈秋高春低型，南方有的地区呈冬高春低型。晴天、雨天、白天、夜间折算系数也有差别，其差别随蒸发器水面面积的增大而减小。

②折算系数有一定的地区分布。我国的水面蒸发折算系数存在从东南沿海向内陆递减的趋势。为了反映折算系数的地区分布规律，可在一定的区域内绘制不同型号蒸发器水面蒸发折算系数等值线图。当水面蒸发站点较少或资料比较缺乏时，也可表示为折算系数分区图。

（2）年平均年水面蒸发量等值线图的绘制。

①分析代表站的选择。尽量选择实测年限较长、精度较高、面上分布均匀、蒸发器型号为 E_{601} 或 $\varphi 80cm$ 的站点为分析代表站。有的地区观测站点稀少，也可选用 $\varphi 20cm$ 蒸发器的观测站点资料。由于水面蒸发量的时空变化相对较小（据统计，水面蒸发量的 C_v 值一般小于0.15），故一般具有10年以上的资料即可满足分析多年平均年水面蒸发量的要求。在资料缺乏地区，5年以上的资料也可作勾绘等值线的参考依据。

②水面蒸发量资料的统一。根据本地区或邻近地区水面蒸发器折算系

数的分析研究结果，将所选分析代表站型号不一的年水面蒸发量均折算为同一型号水面蒸发器的年水面蒸发量，一般折算为 E_{601} 型蒸发器年水面蒸发量，即绘制 E_{601} 型蒸发器多年平均年水面蒸发量等值线图。

③等值线图的勾绘及合理性分析。将各站统一的 E_{601} 型蒸发器多年平均年水面蒸发量标注在工作底图的站址处。分析气温、湿度、风速和日照等气候因素及地形等下垫面因素对水面蒸发量的影响。一般情况下，气温随着高程的增加而降低，风速和日照则随高程的增加而增加，综合影响的结果是水面蒸发量随着高程的增加而减小。此外，平原地区蒸发量一般要大于山区；水土流失严重、植被稀疏的干旱高温地区蒸发量要大于植被良好、湿度较大的地区。对于个别数据过于突出的站点，还要分析蒸发器的制作、安装是否符合规范，局部环境是否有突出影响等。多年平均年水面蒸发量的地带性变化较平缓，勾绘的等值线较稀疏，重点为等值线图整体变化趋势和走向的合理性分析。

2. 陆面蒸发

陆面蒸发指特定区域天然情况下的实际总蒸发量，又称流域蒸发。它等于地表水体蒸发、土壤蒸发、植物散发量的总和。陆面蒸发量的大小受陆面热发能力和陆面供水条件的制约。陆面蒸发能力可近似地由实测水面蒸发量综合反映。而陆面供水条件则与降水量大小及其分配是否均匀有关。一般来说，降水量年内分配比较均匀的湿润地区，陆面蒸发量与陆面蒸发能力相差不大；但在干旱地区，陆面蒸发量则远小于陆面蒸发能力，其陆面蒸发量的大小主要取决于供水条件。

(1) 陆面蒸发量的估算。陆面蒸发量因流域下垫面情况复杂而无法实测，通常只能间接估算求得。现行估算陆面蒸发量的方法有以下两类。

①流域水量平衡方程间接估算法。在闭合流域内由多年平均水量平衡方程可间接求得流域多年平均年陆面蒸发量。

②基于水热平衡原理的经验公式验算法。通过对实测气象要素的分析，建立地区经验公式计算陆地蒸发量 (见径流还原计算部分的经验公式)。但由于流域下垫面情况复杂，影响陆面蒸发的因素多，经验公式参数的率定难度很大，此法估算的陆面蒸发量一般只能作为参考。

(2) 多年平均年陆面蒸发量等值线图的绘制。

①资料的选用。

在一个区域内，选择足够数量的代表性流域。分别用其多年平均年降水量减去多年平均年径流量求得各流域形心处的单站多年平均年陆面蒸发量，并点绘在工作底图的流域形心处。由于它是以实测年降水、年径流资料作为依据的，成果精度较为可靠，故可作为勾绘等值线图的主要依据。

将一定区域的多年平均年降水量和年径流量等值线图相重叠，两等值线交叉点上降水量和径流量的差值，即为该点的多年平均年陆面蒸发量。这种数值是经过年降水、年径流等值线均化的结果，精度相对较差，可作为绘制等值线图的辅助点据。

平原水网区水文站稀少，实测径流资料短缺，难以用水量平衡原理估算当地的陆面蒸发量。当水网区供水条件充分时，陆面蒸发量接近于蒸发能力（近似于 E_{601} 水面蒸发器），这一点可作为勾绘等值线图的一个控制条件。如果平原水网区供水条件不充分，可应用基于水热平衡原理的经验公式，由气象要素的实测值计算陆面蒸发量，补充部分点据，作为勾绘等值线图的参考。

②分析多年平均年陆面蒸发量地区分布规律。由于陆面蒸发量为降水量与径流量的差值。因此，多年平均年陆面蒸发量的地区分布与多年平均年降水量、多年平均年径流量的地区分布密切相关。一般说来，供水条件较好的南方湿润地区，蒸发能力为影响陆面蒸发量的主导因素。因此，多年平均年陆面蒸发量等值线与多年平均年水面蒸发量等值线有相近的分布趋势。供水条件差的北方干旱区，供水条件为影响陆面蒸发量的主导因素。因此，多年平均年陆面蒸发量的地区分布与多年平均年降水量的地区分布相近。

③勾绘等值线图。绘图时，以代表性流域水量平衡求得的点据为控制，以交叉点基于水热平衡原理经验公式得出的点据为参考，参照多年平均年水面蒸发量等值线图，多年平均年降水量等值线图及多年平均年径流深等值线图，并参照影响陆地蒸发量的主要自然地理因素，如地形、土壤、植被及水面蒸发量的地区分布图，明确整体走势，勾绘多年平均年陆面蒸发量等值线图，并在与等值线图协调的原则下，反复修改完善。

(三) 河川径流量

河川径流量的分析与计算，根据水资源评价要求，主要是分析研究区域的河川径流量及其时空变化规律，绘制多年平均年径流深 $\overline{R}$ 和变差系数 C_v 的等值线图，阐明径流年内变化和年际变化的特点，推求区域不同频率代表年的年径流量及其年内时间分配。

1. 径流资料的统计处理

为达到上述计算目的，除要求有可靠的理论和方法外，最重要的是资料完备程度、长度和精度。因此，首先要对径流资料进行统计处理、分析论证，主要包括以下几方面。

(1) 资料的收集

应着重收集以下几方面资料：

①收集研究区域内及其外围有关水文站历年月、年流量资料，并注意收集以往的有关整编、分析计算结果。

②收集流域自然地理资料，如土壤、地质、植被、气候等，并收集流域的工程情况、规划资料等。

③收集大中型水库的有关资料，如水位，水位—容积、面积关系曲线，进出库流量资料，蒸发、渗漏等资料。

④调查工业用水、农业用水，并了解灌区的基本情况。

⑤水文站考证资料，包括测站沿革、迁移、变更、撤销、断面控制条件和测验方法、精度、浮标系数、测站集水面积来源情况。

(2) 资料的审查

审查方法有上下游或相邻流域过程线对比、水量平衡、降雨径流关系等方法，可根据实际情况选择应用。审查工作应贯穿于资料统计、插补延长、等值线图绘制等各个环节中，发现问题应随时研究解决。

(3) 径流资料的还原

①还原的目的和要求。水资源评价量为天然状态下的年径流量，它是指流域集水面积范围内，人类活动影响较小，径流的产生、汇集基本上在天然状态下进行时，河流控制测流断面处全年的径流总量。

由于人类活动的影响，使流域自然地理条件发生变化，影响地表水的产流、汇流过程，从而影响径流在时间、空间和总量上的变化，使河流（河道）测流断面的实测径流量不能代表天然径流量。如跨流域引水，修水库、塘堰等水利工程，旱改水，植树造林等措施将使蒸发增加，减少年径流量。因此需对实测资料进行还原计算，得到天然径流量。

还原计算应采用调查和分析相结合的办法，并要加强调查。凡有观测资料的，应采用观测资料计算还原水量，如无观测资料可通过调查分析进行估算。尽可能收集历年逐月用水资料，如果确有困难，可按用水的不同发展阶段选择丰、平、枯典型年份，调查其年用水量及年内分配情况，推算其他年份还原水量。

②还原计算方法。将受人类活动调蓄和消耗的这部分径流量加到实测值中，称为年径流的还原计算。

还原计算时，尽可能按资料系列逐月、逐年还原。还原计算应按河系自上而下，按水文站控制断面分段进行，然后累积计算。引用河水和地下水应分开，还原时只计算河川径流部分。由于大量开采地下水，对河川径流量有明显影响的地区，应加以说明。

③还原水量的合理性检查，包括：

工业、农业等用水合理性检查。

对还原后的年径流量进行上下游、干支流和地区间的综合平衡，分析其合理性。

对还原计算前后的降雨径流关系，进行对比分析，看还原后的关系是否改善。

(4) 资料的插补延长

资料的插补延长有以下两种情况：

①月径流资料的插补延长，根据不同情况进行插补延长。

对于有水位资料而无径流资料的月份，可以借用相近年份的水位流量关系推求流量，但要分析水位流量关系的稳定性及外延精度。

对于枯季缺月资料插补可用历年均值法、趋势法、上下游月流量相关法推求。

汛期缺月资料插补采用上下游站或相邻流域月径流量相关法、月降雨量－月径流量相关法推求。

②年径流资料的插补延长，一般可采用上下游站的年径流相关、与邻近流域站的年径流相关、流域平均年降水量与年径流相关、汛期流量与年径流相关等方法推求。

2. 多年平均年径流深及年径流变差系数等值线图的绘制

（1）代表站的选择

绘制的水文特征值等值线图应反映该水文特征值的地带性变化，这种地带性变化是气候因素和下垫面因素综合作用的结果。等值线图应具有可移用性。因此，绘制 $\overline{R}$ 和 C_v 等值线图应选用具有地理代表性的中等流域面积水文站的计算值为主要依据，其集水面积一般为 300～5000km²。流域面积过小的水文站，其年径流统计特征值由于受局部下垫面因素影响较强而对邻近地区代表性不足；流域面积过大的水文站，其年径流统计特征值由于受到径流变化匀化的影响而对邻近地区失去代表性。在站网稀少的地区，选站条件可以适当放宽。代表站选定后，根据各站实测径流资料的可靠性和径流还原计算的精度，将代表站划分为主要站、一般站、参考站三类。

对于大江大河径流较大流域面积的水文站，用上下游站相减的方法得到区间流域的年径流量，除以区间面积得到区间流域的年径流深，计算其统计特征值，可作为勾绘年径流深 $\overline{R}$ 及变差系数 C_v 等值线图的参考。

（2）统计参数的计算与点绘

各代表站按同步年径流系列计算其统计参数 $\overline{R}$、C_v，分别点绘在代表站流域径流分布形心处。当流域的自然地理条件比较一致、高程变化不大时，以流域形心作为径流分布的形心。

（3）$\overline{R}$、C_v 等值线图的勾绘和合理性检查

将各代表站的 $\overline{R}$、C_v 值点注完毕，即可着手勾绘等值线。在有充分实测径流资料的情况下，基本上可依据各点所标数值进行勾绘。首先勾绘出主要的等值线，以确定等值线分布和走向的大致趋势，然后进行加密。

3. 河川径流量的分析

根据研究区域的气象及下垫面条件，综合考虑气象、水文站点的分布、实测资料年限与质量等情况，河川径流量的计算可采用代表站法、等值线图法、年降雨径流相关图法、水热平衡法等。

（1）代表站法

代表站法的基本思路是在研究区域内，选择一个或几个位置适中、实测径流资料系列较长并具有足够精度、产汇流条件有代表性的站作为代表站。计算代表站逐年及多年平均年径流量和不同频率的年径流量。然后根据径流形成条件的相似律，把代表站的计算成果按面积比或综合修正的办法推广到整个研究范围，从而推算区域多年平均及不同频率的年径流量。

①区域逐年及多年平均年径流量。

若研究区域内有两个或两个以上代表站，则将全区域划分为两个或两个以上部分。每部分有一个代表站。其余各部分的计算同上，全区逐年与多年平均径流以两个或两个以上分区的面积为权重计算。

当代表站的代表性不理想时，例如，自然地理条件相差较大，此时不能采用简单的面积比法计算全区逐年及多年平均年径流量，而应当选择一些对产水量有影响的指标，对全区逐年及多年平均年径流量进行修正。

②区域不同频率年径流量的计算

用以上方法求得研究区域连年径流量，构成了该区域的年径流系列。在此基础上进行频率计算即可推求研究区域不同频率的年径流量。

（2）等值线图法

当区域面积不大并且缺乏实测径流资料时，可由多年平均年径流深和年径流变差系数 C_v 等值线图量算和查读出本区域多年平均的年径流量和变差系数 C_v 值，由此求得不同频率代表年的年径流量。步骤如下：

①多年平均年径流深与年径流变差系数 C_v 等值线图的转绘和加密。径流等值线图是根据大范围中等流域资料绘制的，往往难以反映区域内局部因素对径流的影响，也不能满足区域内各计算单元径流量估算的需要。因此，可将大范围绘制的等值线及所依据的资料点据转绘到本区域较大比例尺的地形图上。充分利用本区域内各雨量站实测降水量资料、短系列实测径流资料、区域的年降水径流关系等资料，补充部分点据，加密本区域的等值线图。

②计算区域多年平均及不同频率的年径流量。

根据转绘加密后的等值线图，在区域范围内，量算相邻两等值线之间的面积（为简便起见，也可以求积仪读数来表示）。采用面积加权法推求区域多年平均的年径流量。

当区域面积较小，在中等流域面积范围内时，区域年径流 C_v 值可利用区域形心查 C_v 等值线图得出。求得区域年径流变差系数 C_v 值，再根据前面求得的多年平均年径流量，即可求出区域不同频率的年径流量。

（3）年降雨径流相关图法

在研究区域上，选择具有实测降水径流资料的代表站，逐年统计代表站流域平均年降水量和年径流量，建立年降水径流相关图。如本区域气候、下垫面情况与代表站流域相似，则可由区域逐年实测的平均年降水量在代表站年降水径流关系图上查得区域逐年平均的年径流量。进行频率计算，即可得到不同频率的区域年径流量。

4. 河川径流量的年内分配

受气候和下垫面因素的综合影响，河川径流的年内分配情势常常是很不相同的。即使年径流量相差不大，其年内分配也常常有所区别。这对水资源开发工程规模的选定、工农业和城市生活用水等也会带来很大的影响。因此，需要研究河川径流量的年内分配。提出正常年或丰、平、枯等不同典型年的逐月河川径流量，为水资源的开发利用提供必要的依据。在一般情况下，河川径流量年内分配的计算时段、项目和方法，应依据国民经济部门对水资源开发的不同要求、实测资料情况、区域面积大小和河川径流量的变化幅度来确定。

（1）多年平均年径流的年内分配

常用多年平均的月径流过程、多年平均的连续最大4个月径流百分率和枯水期径流百分率表示多年平均年径流的年内分配。

①多年平均的月径流过程。常用月径流量多年平均值与年径流量多年平均值比值的柱状图或过程线表示。

②多年平均连续最大4个月径流百分率。多年平均连续最大4个月径流百分率指最大4个月的径流总量占多年平均年径流量的百分数。可以绘制百分率的等值线图，就是将各代表站流域的百分率及出现月份标在流域形心处，绘制等值线而成。也可按出现月份进行分区，一般在同一分区内，要求出现月份相同、径流补给来源一致、天然流域应当完整。

③枯水期径流百分率。指枯水期径流量与年径流量比值的百分数。根

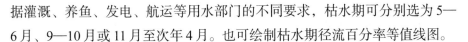

据灌溉、养鱼、发电、航运等用水部门的不同要求，枯水期可分别选为5—6月、9—10月或11月至次年4月。也可绘制枯水期径流百分率等值线图。

（2）不同频率年径流的年内分配

一般采用典型年法，即从实测资料中选出某一年作为典型年，以其年内分配形式作为设计年的年内分配形式。典型年的选择原则是使典型年某时段径流量接近于某一统计频率相应时段的径流量，且其月分配形式不利于用水部门的要求和径流调节。选出典型年后对其进行同倍比放缩求出设计年相应频率的径流年内分配过程。

（四）山丘区地表水资源

（1）有水文站控制的河流，按实测径流还原后的同步系列资料推求多年平均年径流量，再加上或减去水文站至出山口由等值线图或水文比拟法计算出的产水量，即为河流出山口多年平均年径流量。

（2）没有水文站控制的河流，包括季节性河流和山洪沟，只要有山丘区集水面积的，可用等值线图或水文比拟法估算出年径流量。

将评价区内有水文站控制的河流的天然年径流量和用等值线图或水文比拟法估算的年径流量相加即为评价区内的河流总径流量。若评价区界限与流域天然界线一致，评价区河流径流量即为评价区内降水形成的地表水径流量。若评价区界线与流域天然界线不一致，当出山口河流径流量包含评价区外产流流入本区的水量时，评价区地表水资源量应从出山口河流总径流量中扣除区外来水量，当评价区内河流有水量在出山口前流出境外时，则评价区地表水资源量应为出山口水资源量加未控制的出境水量。

三、地下水可开采量

地下水可开采量是指在经济合理、技术可行和不造成地下水位持续下降、水质恶化及其他不良后果条件下可供开采的浅层地下水量。它是在一定期限内既有补给保证，又能从含水层中取出的稳定开采量。估算方法有如下几种。

(一) 实际开采量调查法

对于浅层地下水开发利用程度较高、开采量调查资料比较准确、潜水埋深大而潜水蒸发量小的地区，当平水年年初、年末的浅层地下水位基本相等时，则将年浅层地下水的实际开采量近似地作为浅层地下水多年平均年可开采量。

(二) 可开采系数法

地下水可开采量与地下水总补给量之比称为可开采系数，表示为 ρ。对浅层地下水有一定开发利用水平、并积累有较长系列的开采量调查统计数据及地下水动态观测资料的地区，通过对多年平均年实际开采量、水位动态特征、现状条件下总补给量的综合分析，确定出合理的可开采系数 ρ 值。则多年平均开采量等于可开采系数 ρ 与多年平均条件下地下水总补给量的乘积。

可开采系数 ρ 值的确定。主要考虑浅层地下水含水层岩性及厚度、单井单位降深出水量、平水年地下水埋深、年变幅、实际开采程度等因素。对含水层富水性好、厚度大、地下水埋深较小的地区，选用较大的可开采系数；反之，则选用较小的可开采系数。

(三) 多年调节计算法

当计算区具有较多年份不同岩性、不同地下水埋深的水文地质参数资料、井灌区作物组成及灌溉用水量资料、连续多年降水量及地下水动态观测资料时，可根据多年条件下总补给量等于总排泄量的原理，依照地面水库的调节计算方法对地下水进行多年调节计算。

按时间顺序逐年进行补给量和消耗量的平衡计算，并与实测地下水位相对照。调节计算期间的总补给量与总废弃水量 (消耗于潜水蒸发和侧向排泄的水量) 之差，即为调节计算期的地下水可开采量。

四、不同频率代表年的地下水资源量

(一) 山丘区不同代表年的地下水资源量

如前所述，山丘区以地下水总排泄量估算地下水资源量，而总排泄量中以河川基流量为主体。因此，计算一些代表年 (8～10 年) 的河川基流量和地下水资源量，建立两者相关关系，由不同额率的年河川基流量查相关图求得不同频率代表年的地下水资源量。有的山丘区，河川基流量之外的其他排泄量可以忽略不计，则不同频率的年河川基流量即代表不同频率的山丘区地下水资源量。

(二) 平原区不同代表年的地下水资源量

平原区地下水资源量通常由地下水总补给量估算。总补给量的主体为降水入渗补给量。因此可计算一些代表年 (8～10 年) 的降水入渗补给量与地下水资源量，建立两者之间的相关关系，利用地区综合的降水入渗补给系数与年降水量的相关图，即可根据年降水量系列的频率分析求得不同频率的降水入渗补给量，再由降水入渗补给量与地下水资源量相关图，推求得出不同频率代表年的平原区地下水资源量。

第二节　水资源开发利用现状分析

一、世界水资源的开发利用状况

近些年，全球人口急剧增长，工业发展迅速。一方面，人类对水资源的需求以惊人的速度扩大：另一方面，日益严重的水污染蚕食大量可供消费的水资源。因此，世界上许多国家正面临水资源危机。每年有 400 万～500 万人死于与水有关的疾病。水资源危机带来的生态系统恶化和生物多样性破坏，也严重威胁人类生存。水资源危机既阻碍世界可持续发展，也威胁世界和平。在过去 50 年中，由水引发的冲突达 507 起，其中 37 起有暴力性质，21 起演变为军事冲突。专家警告说，水的争夺战随着水资源益紧缺将愈演愈烈。

据 2024 年联合国《世界水发展报告》对 180 个国家和地区的水资源利用状况进行排序,可以看出许多国家已处在水资源的危机之中。

亚洲的河流是世界上污染最严重的,这些河流中的铅污染是工业化国家的 20 倍。目前,每天有大约 200 万吨的废物倾倒于河流、湖泊和溪流中,每升废水会污染 8L 的淡水。总体来说,世界水的质量在不断恶化。统计数据表明,人类的现有水资源与对它的使用之间存在严重的不协调,主要表现在以下几个方面:

(1)健康方面。每年有超过 220 万人因为食用污染和不卫生的饮用水而死亡。

(2)农业方面。每天有大约 2.5 万人因饥饿而死亡;有 8.15 亿人受到营养不良的折磨,其中发展中国家有 7.77 亿人,转型国家有 2700 万人,工业化国家有 1100 万人。

(3)生态学方面。靠内陆水生存的 24% 的哺乳动物和 12% 的鸟类的生命受到威胁。19 世纪末,已有 24~80 个鱼种灭绝。虽然,世界上内陆水的鱼种仅占所有鱼种的 10%,但其中 1/3 的鱼种正处于危险之中。

(4)工业方面。世界工业用水占用水总量的 22%,其中高收入国家占 59%,低收入国家占 8%。每年因工业用水,有 3 亿~5 亿吨的重金属、溶剂、有毒淤泥和其他废物沉积到水资源中,其中 80% 的有害物质产生于美国和其他工业国家。

(5)自然灾害方面。在过去 10 年中,66.5 万人死于自然灾害,其中 90% 死于洪水和干旱,35% 的灾难发生在亚洲,29% 发生在非洲,20% 发生在美洲,13% 发生在欧洲和大洋洲等其他地方。

(6)能源方面。在再生能源中,水力发电是最重要和得到最广泛使用的能源,占全年总电力的 22% 左右。在工业化国家水力发电占总电力的 70%,在发展中国家仅占 15%。开发程度较低但具有丰富水能资源的地区和国家有拉丁美洲、印度和中国。

二、中国水资源的开发利用状况

我国水资源南多北少,地区分布差异很大。黄河流域的年径流量约占全国年径流总量的2%，为长江水量的6%左右。在全国年径流总量中，淮河、海河及辽河三流域仅分别约2%、1%及0.6%。黄河、淮河、海河和辽河四流域的人均水量分别仅为我国人均值的26%、15%、11.5%和21%。由于北方各区水资源量少，导致开发利用率远大于全国平均水平，其中海河流域水资源开发利用率达到惊人的178%，黄河流域达到70%，淮河现状耗水量已相当于其水资源可利用量的67%，辽河已超过94%。

中华人民共和国成立以来，我国在水资源的开发利用、江河整治及防治水害等方面做了大量的工作，取得了较大的成绩。2022年，全国供水总量为5998.2亿立方米，占当年水资源总量的22.2%。其中，地表水源供水量为4994.2亿立方米，占供水总量的83.3%；地下水源供水量为828.2亿立方米，占供水总量的13.8%；其他（非常规）水源供水量为175.8亿立方米，占供水总量的2.9%。与2021年相比，供水总量增加78.0亿立方米，其中，地表水源供水量增加66.1亿立方米，地下水源供水量减少25.6亿立方米，其他（非常规）水源供水量增加37.5亿立方米。

2022年，全国用水总量为5998.2亿立方米。其中，生活用水量为905.7亿立方米，占用水总量的15.1%；工业用水量为968.4亿立方米 [其中直流火（核）电冷却用水量为482.7亿立方米]，占用水总量的16.2%；农业用水量为3781.3亿立方米，占用水总量的63.0%；人工生态环境补水量为342.8亿立方米，占用水总量的5.7%。

2022年，全国人均综合用水量为425立方米，万元国内生产总值（当年价）用水量为49.6立方米。耕地实际灌溉亩均用水量为364立方米，农田灌溉水有效利用系数为0.572，万元工业增加值（当年价）用水量为24.1立方米，人均生活用水量为176L/d，人均城乡居民生活用水量为125L/d。

由于受所处地理位置和气候的影响，我国是一个水旱灾害频发的国家，尤其是洪涝灾害长期困扰着经济的发展。据统计，从公元前206年到1949年的2155年间，共发生较大洪水1062次，平均两年就有一次。黄河在两千多年中，平均三年两决口，百年一改道，仅1887年的一场大水就造成约93万人死亡，全国在1931年的大洪水中丧生约370万人。中华人民共和国成立以后，洪涝灾害仍不断发生，造成了很大的损失。因此，兴修水利、整治江河、防治水害实为国家的一项治国安邦大计，也是十分重要的战略任务。

我国50多年来共整修江河堤防20余万千米，保护了5亿亩耕地，建成各类水库8万多座，配套机电井263万眼，拥有6600多万kW的排灌机械。机电排灌面积4.6亿亩，除涝面积约2.9亿亩，改良盐碱地面积0.72亿亩，治理水土流失面积51万平方千米。这些水利工程建设，不仅每年为农业、工业和城市生活提供5000亿立方米的用水，解决了山区、牧区1.23亿人口和7300万头牲畜的饮水困难，而且在防御洪涝灾害上发挥了巨大的效益。

水资源危机将会导致生态环境的进一步恶化，为了取得足够的水资源供给，必将加大水资源开发力度。水资源过度开发，可能导致一系列的生态环境问题。水污染严重，既是水资源过度开发的结果，也是进一步加大水资源开发力度的原因，两者相互影响，形成恶性循环。通常认为，当径流量利用率超过20%时就会对水环境产生很大影响，超过50%时则会产生严重影响。目前，我国水资源开发利用率已达49%，接近世界平均水平的3倍，个别地区更高。此外，过度开采地下水会引起地面沉降、海水入侵、海水倒灌等环境问题。因此，集中力量解决供水需求增长及节水措施，是我国今后一定时期内水资源面临的最迫切任务之一。

降水量：2015年，全国平均降水量660.8mm，比常年值偏多2.8%。从水资源分区看，松花江区、辽河区、海河区、黄河区、淮河区、西北诸河区6个水资源一级区（以下简称北方6区）平均降水量为322.9mm，比常年值偏少1.6%；长江区（含太湖流域）、东南诸河区、珠江区、西南诸河区4个水资源一级区（以下简称南方4区）平均降水量为1260.3mm，比常年值偏多5.0%。从行政分区看，降水量比多年平均偏多的有12个省（自治区、直辖市），其中上海、浙江、江西、江苏和广西5个省（自治区、直辖市）偏多20%以上；与多年平均接近的有湖北、宁夏和青海3个省（自治区）；比多年平均偏少的有16个省（自治区、直辖市），其中海南、辽宁和山东3个省偏少15%以上。

地表水资源量：2015年全国地表水资源量26900.8亿立方米，折合年深284.1mm，比常年值偏多0.7%。从水资源分区看，北方6区地表水资源量为3836.2亿立方米，折合年径流深63.3mm，比常年值偏少12.4%；南方4区为23064.6亿立方米，折合年径流深675.8mm，比常年值偏多3.3%。从行政分区看，地表水资源量比多年平均偏多的有11个省（自治区、直辖市），其中上海和江苏分别偏多127.2%和74.8%；与多年平均接近的有黑龙江；比多年平均偏少的有 19 个省（自治区、直辖市），其中河北、山东、辽宁和北京 4 个省（直辖市）偏少 40% 以上。

2015 年，从国境外流入我国境内的水量 213.6 亿立方米，从我国流出国境的水量 5139.7 亿立方米，流入界河的水量 1061.2 亿立方米；全国入海水量 17600.9 亿立方米。

地下水资源量：全国矿化度小于等于 2g/L 地区的地下水资源量 7797.0 亿立方米，比常年值偏少 3.3%。其中，平原区地下水资源量 1711.4 亿立方米；山丘区地下水资源量 6383.5 亿立方米；平原区与山丘区之间的地下水资源重复计算量 297.9 亿立方米。我国北方 6 区平原浅层地下水计算面积占全国平原区面积的 91%，2015 年地下水总补给量 1446.2 亿立方米，是北方地区的重要供水水源。在北方 6 区平原地下水总补给量中，降水入渗补给量、地表水体入渗补给量、山前侧渗补给量和井灌回归补给量分别占 50.2%、36.5%、7.7% 和 5.6%。

水资源总量：2015 年全国水资源总量为 27962.6 亿立方米，比常年值偏多 0.9%。地下水与地表水资源不重复量为 1061.8 亿立方米，占地下水资源量的 13.6%（地下水资源量的 86.4% 与地表水资源量重复），北方 6 区水资源总量 4733.5 亿立方米，比常年值偏少 10.1%，占全国的 16.9%；南方 4 区水资源总量为 23229.1 亿立方米，比常年值偏多 3.5%，占全国的 83.1%。

2020 年，全国水资源总量 31605.2 亿立方米，比多年平均值偏多 14.0%。其中，地表水资源量 30407.0 亿立方米，地下水资源量 8553.5 亿立方米，地下水与地表水资源不重复量为 1198.2 亿立方米。

2020 年，全国用水总量 5812.9 亿立方米。其中，生活用水 863.1 亿立方米，占用水总量的 14.9%；工业用水 1030.4 亿立方米，占用水总量的 17.7%；农业用水 3612.4 亿立方米，占用水总量的 62.1%；人工生态环境补水 307.0 亿立方米，占用水总量的 5.3%。地表水源供水量 4792.3 亿立方米，占供水总量的 82.4%；地下水源供水量 892.5 亿立方米，占供水总量的 15.4%；其他水源供水量 128.1 亿立方米，占供水总量的 2.2%。

与 2019 年相比，受新冠疫情、降水偏丰等因素影响，用水总量减少 208.3 亿立方米，其中，工业用水减少 187.2 亿立方米，农业用水减少 69.9 亿立方米，生活用水减少 8.6 亿立方米，人工生态环境补水增加 57.4 亿立方米。

2020年，全国人均综合用水量412立方米，万元国内生产总值（当年价）用水量57.2立方米。耕地实际灌溉亩均用水量356立方米，农田灌溉水有效利用系数0.565，万元工业增加值（当年价）用水量32.9立方米，城镇人均生活用水量（含公共用水）207L/d，农村居民人均生活用水量100L/d。与2015年相比，万元国内生产总值用水量和万元工业增加值用水量分别下降28.0%和39.6%（按可比价计算）。

2022年，全国降水量和水资源量比多年平均值偏少，且水资源时空分布不均。部分地区大中型水库蓄水有所减少，湖泊蓄水相对稳定。全国用水总量比2021年有所增加，用水效率进一步提升，用水结构不断优化。

2022年，全国平均年降水量为631.5mm，比多年平均值偏少2.0%，比2021年减少8.7%。全国水资源总量为27088.1亿立方米，比多年平均值偏少1.9%，比2021年减少8.6%。其中，地表水资源量为25984.4亿立方米，地下水资源量为7924.4亿立方米，地下水与地表水资源不重复量为1103.7亿立方米。

全国统计的753座大型水库和3896座中型水库年末蓄水总量比年初减少406.2亿立方米，其中长江区大中型水库蓄水总量减少401.3亿立方米。监测的76个湖泊年末蓄水总量比年初减少18.1亿立方米。年末与上年同期相比，43.9%的浅层地下水水位监测站、57.9%的深层地下水水位监测站、48.7%的裂隙水水位监测站、42.6%的岩溶水水位监测站，水位呈弱上升或上升态势。

全国供水总量和用水总量均为5998.2亿立方米，较2021年增加78.0亿立方米。其中，地表水源供水量为4994.2亿立方米，地下水源供水量为828.2亿立方米，其他（非常规）水源供水量为175.8亿立方米；生活用水量为905.7亿立方米，工业用水量为968.4亿立方米，农业用水量为3781.3亿立方米，人工生态环境补水量为342.8亿立方米。全国用水消耗总量为3310.2亿立方米。

全国人均综合用水量为425立方米，万元国内生产总值（当年价）用水量为49.6立方米。耕地实际灌溉亩均用水量为364立方米，农田灌溉水有效利用系数为0.572，万元工业增加值（当年价）用水量为24.1立方米，人均生活用水量为176L/d(其中人均城乡居民生活用水量为125L/d)。按可比价计算，万元国内生产总值用水量和万元工业增加值用水量分别比2021年下降1.6%和10.8%。

第三节 水资源需求预测

水资源需求，包括需水量和水环境容量两方面。水资源需求增长的驱动因素是人口增加与经济发展，制约需求增长因素主要包括水资源条件、水工程条件、水市场条件和水管理条件。需求预测可同时使用两套方法，把以经济增长驱动需求的定额预测方法作为基本分析方法，以人口增长驱动需求的人均预测方法作为预测结果的合理性分析手段。

当人均水资源量与水环境容量较低时，水资源需求管理是社会可持续发展和水资源可持续利用的必然选择。需求管理的基本政策包括四个层次的内容：在生产力布局时对缺水地区限制大耗水产业的进一步发展，甚至进行转移；在发展过程中不断调整产业结构，形成节水型社会经济结构；调整水价体系，用经济杠杆促进节水抑制需求；分行业推进各类节水措施，提高行业用水效率。

用宏观经济模型在不同情景条件下的模拟，可完成对大耗水产业抑制或转移、节水型产业结构的调整、水价调整、分部门节水的分析。同时用来保持预测结果的内在协调性，反映发展进程中的产业结构定量变化，并作为定额法需求预测的基础。再建立水资源需求边际成本替代模型，对外延增长需水量、转移大耗水工业需水量、调整产业结构需水量、分部门器具型节水需水量、水价弹性需水量的逐步递减情况进行显示表达，给出某一规划水平年不同措施下"需水量逐步降低—边际成本相应变化—投资逐步增加"的定量关系，为形成市场条件下的供需平衡备选方案服务。

需水分为生活、工业、农业、生态四个Ⅰ级类，每个Ⅰ级类再分成若干Ⅱ级类、Ⅲ级类和Ⅳ级类。需水可分为河道内和河道外两类需水。河道内需水为特定断面的多年平均水量。水电、航运、冲淤、保港、湖泊、洼淀、湿地、入海等各项用水均会影响河道内需水。河道外需水应进一步区分社会经济需水和人工生态系统的需水。

社会经济需水按生活、工业、农业三部门划分。生活需水包括城镇生活与农村生活两项。工业需水包括电力工业(不含水电)和非电力工业两项。农业需水包括农田灌溉与林牧渔两项。

城镇生活需水由居民家庭和公共用水两项组成，其中公共用水综合考虑建筑、交通运输、商业饮食、服务业用水。城镇商品菜田需水列入农田灌溉项下，城镇绿化与城镇河湖环境补水列入生态环境需水项下。农村生活需水由农民家庭、家养禽畜两项构成，其中以商品生产为目的且有一定规模的养殖业需水列入林牧渔需水项下。

电力工业需水特指火电站与核电站的需水。一般工业需水指除电力工业需水外的一切工业需水。在一般工业需水中要区别城镇与农村。

通常农田灌溉需水包括水田、大田、菜田、园地四项需水。林牧渔业需水包括灌溉林地用水、灌溉草场用水、饲料草基地用水、专业饲养场牲畜用水、鱼塘补水。

生态环境用水目前尚无统一分类。一般在生态环境用水中首先区分人工生态与天然生态的用水。凡通过水利工程供水维持的生态，划为人工生态，包括城镇绿地与河湖用水、水土保持用水、防护林等人工生态林用水等。此外一律认为是天然生态，包括平原区河谷与河岸生态、湖泊洼淀生态、湿地生态、与地下水位相联系的天然植被等项。对于灌溉草场、饲草饲料基地果园等生产性用水，一般列入牧业和林业用水之中。

河道内的天然生态用水包括河道控制断面的水环境容量用水，汛期冲沙水量，枯季生态基流，最小入海水量等。这些水量可以相互替代，并与航运等用水相关，需要专门研究。《全国水资源综合规划技术》中需水预测中的用水户分为生活、生产和生态环境三大类，要求按城镇和农村两种供水系统分别进行统计与汇总，并单独统计所有建制市的有关成果。生活和生产需水统称为经济社会需水。

第四节 生活需水

在市场经济下，价格作为调节供需的重要手段，受到了经济学研究的重要关注。在资源经济学领域，价格作为资源管理的重要手段，受到资源管理者和研究人员的特别关注。水资源经济学家从20世纪20年代就开始了城市居民生活需水的研究，20世纪60年代美国和加拿大进行了大量的此类研究，获得了一些十分有价值的成果，对水资源管理提供了重要的依据。这里所说的生活需水也主要是指城镇居民生活需水，它是指城镇居民维持日常生活和开展公共活动所需要的那部分水。

城镇生活随着城镇人口的增加，住房面积扩大，公共设施增多，生活水平提高，用水标准不断提高，需水量不断增加。

城市生活用水占各项总用水量的比重不大，根据国外10个国家统计，生活用水占总用水量的4.4%～22.4%不等。据统计，我国城镇生活用水仅占全国总用水量的1.5%，但各城市城镇用水中的比重各有不同，视各城市的具体情况而定。我国城镇生活用水大约占城市用水的15%，而美国的生活用水是城市总用水的1/3。由于生活需水的增长速度快，用水高度集中，与人们生活息息相关，关系到千家万户，因此必须给以高度重视，尤其在我国北方城市水资源供需矛盾突出，更需及时通过调查，摸清城镇生活需水的现状和发展动向，统筹规划，早作安排，以满足城镇人民需水的要求。

一、生活需水的分类

（1）按需水性质可分为：①居民日常生活需水，指维持日常生活的家庭和个人需水。包括饮用、洗涤等室内需水和洗车、绿化等室外需水；②公共设施需水，包括浴池、商店、旅店、饭店、学校、医院、影剧院、市政绿化、清洁、消防等需水。

（2）按地区分为市区城市需水和市郊城镇需水。

（3）按供水系统分为自来水供给的城镇生活需水和自备水源供给的城镇生活需水。

（4）按供水对象分为可分为家庭、商业、饭店、学校、机关、医院、影剧院、街道绿化、清洁、消防、市政需水等。

（5）按供水水源分为：①地表水供给（不需调节的地表水与需要调节流量的地表水）；②地下水（泉水、浅层地下水与深层地下水）；③中水（经过处理的污水用于生活需水的那部分水）。

二、生活需水预测

城镇生活用水定额与用水结构与城镇的特点和性质有关。对未来生活需水量的变化预测离不开城镇生活用水的历史和现状。据此应考虑以下因素的变化：①城镇住房和公共设施的发展规划；②城镇人口发展预估和各行各业发展规划；③不同类型用水户在总用水量中权重的变化；④由于合理用水使用水定额发生变化。

前两项因素可由计划部门、城建部门提供资料，后两项则需从各城镇实际出发，考虑到其他方面的影响因素。以居民生活用水为例，影响其权重和定额的因素有：①住楼房与平房人数在未来水平年所占的比例；②供水的普及程度；③家庭人员构成变化和家庭收支增加；④家庭用水设备（淋浴、洗衣机、冲洗厕所等）增加；⑤安装户表情况等。

第五节　工业需水

工业需水一般是指工矿企业在生产过程中，用于制造、加工、冷却、空调、净化、洗涤等方面的需水量，其中也包括工矿企业内部职工生活需水量。

工业需水是城市需水的一个重要组成部分。在整个城市需水中工业需水不仅所占比重较大，而且增长速度快，用水集中，现代工业生产尤其需要大量的水。工业生产大量用水，同时排放相当数量的工业废水，又是水体污染的主要污染源。世界性的需水危机首先在城市出现，而城市水源紧张主要是工业需水问题所造成。因此，工业需水问题已引起各国的普遍重视，是许多国家十分重视的研究课题。

目前，没有哪个工业部门在没有水的情况下会得到发展，因此，人们称

"水是工业的血液"。一个城市工业需水的多少，不仅与工业发展的速度有关，还与工业的结构、工业生产的水平、节约用水的程度、用水管理水平、供水条件和水资源的多寡等因素有关。需水不仅随部门不同而不同，而且与生产工艺有关，同时还取决于气候条件等。水资源需求预测所要把握的工业需水环节是：①掌握正确的工业需水分类；②做好现状工业需水调查和统计分析工作；③比较准确地预测未来的工业需水。

尽管现代工业分类复杂、产品繁多、需水系统庞大，需水环节多，而且对供水水流、水压、水质等有不同的要求，但仍可按下述四种分类方法进行分类研究：

一、按工业需水在生产中所起的作用分类

(1) 冷却需水。是指在工业生产过程中，用水带走生产设备的多余热量，以保证进行正常生产的那一部分需水量。

(2) 空调需水。是指通过空调设备用水来调节室内温度、湿度、空气湿度和气流速度的那一部分需水量。

(3) 产品需水 (或工艺需水)。是指在生产过程中与原料或产品掺混在一起，有的成为产品的组成部分，有的则为介质存在于生产过程中的那一部分需水量。

(4) 其他需水。包括清洗场地需水、厂内绿化需水和职工生活需水。

二、按工业组成的行业分类

在工业系统内部，各行业之间需水差异很大，由于我国历年的工业统计资料均按行业划分统计。因此，按行业分类有利于需水调查、分析和计算。一般可分为：电力、冶金、机械、化工、煤炭、建材、纺织、轻工、电子、林业加工，等等。同时在每一个行业中，根据需水和用水特点不同，再分为若干亚类，如化工还可划分为石油化工、一般化工和医药工业等；轻工还可分为造纸、食品、烟酒、玻璃等；纺织还可分为棉纺、毛纺、印染等。此外，为了便于调查研究，还可将中央、省市和区县工业企业分出单列统计。

三、按工业需水过程分类

（1）总需水。工矿企业在生产过程中所需要的全部水量。总需水量包括空调、冷却、工艺、洗涤和其他需水。在一定设备条件和生产工艺水平下，其总需水量基本是一个定值，可以测试计算确定。

（2）取用水（或称补充水）。工矿企业取用不同水源（河水、地下水、自来水或海水）的总取水量。

（3）排放水。经过工矿企业使用后，向外排放的水。

（4）耗用水。工矿企业生产过程中耗用掉的水量，包括蒸发、渗漏、工艺消耗和生活消耗的水量。

（5）重复用水。在工业生产过程中，二次以上的用水，称之重复用水。重复用水量包括循环用水量和二次以上的用水量。

四、按水源分类

（1）河水。工矿企业直接从河内取水，或由专供河水的水厂供水。一般水质达不到饮用水标准，可作工业生产需水。

（2）地下水。工矿企业在厂区或邻近地区自备设施提取地下水，供生产或生活用的水。在我国北方城市，工业需水中取用地下水占相当大的比重。

（3）自来水。由自来水厂供给的水源，水质较好，符合饮用水标准。

（4）海水。沿海城市将海水作为工业需水的水源。有的将海水直接用于冷却设备；有的海水淡化处理后再用于生产。

（5）再生水。城市排出废污水经处理后再利用的水。

工业需水正确分类，是进行工业需水调查、统计、分析的基础。在以往很多城市开展工业需水调查研究工作中，已深刻体会到工业需水分类的重要性。在划分用水行业时，需要注意两点。

①考虑资料连续使用。充分利用各级管理部门的调查和统计资料，并通过组织专门的调查使划分的每一个行业的需水资料有连续性，便于分析和计算。

②考虑行业的隶属关系。同一种行业，由于隶属关系不同，规模和管理水平差异很大，需水的水平就不同。如生产同一种化肥的工厂，市属与区

（县）所属化工厂单耗用水量相差很多；生产同一种铁的炼铁厂，中央直属与市属的工厂，每生产一吨铁的需水量也不同。因此工业行业分类既要考虑各部门生产和需水特点，又要考虑现有工业体制和行政管理的隶属关系。

工业需水分类，其中按行业划分是基础，如再结合需水过程、需水性质和需水水源进行组合划分，将有助于工业需水调查、统计、分析、预测工作的开展。一般来说，按行业划分越细，研究问题就越深入，精度就越高，但工作量增加；而分得太粗，往往掩盖了矛盾，需水特点不能体现，影响需水问题的研究和成果精度。

第六节　农业需水

我国是农业大国，农业用水量占总用水量的70%以上。长期以来，由于技术和管理水平落后、灌溉设施老化失修等原因，目前我国灌溉水的利用率仅为45%左右，与发达国家80%的利用率相差甚远，农业节水潜力很大。21世纪我国人口高峰将达到16亿，农产品需求量和农业需水量也将达到高峰。而工业、生活用水的增加将会进一步挤占农业用水，缺水问题势必更加突出。因此，研究分析需水高峰期的农业需水量，探寻节水高效现代灌溉农业与现代旱地农业的建设途径，对保证16亿人口对农产品的需求和国民经济的持续发展，实现预期目标，具有重要意义。

农业需水包括农田灌溉、农村生活和林牧渔副三个部分，其中农田灌溉的比重较大，是农业需水的主体。与工业、生活需水比较，具有面广量大、一次性消耗的特点，而且受气候影响较大，当水资源短缺，水量得不到保证时，一般可以改变作物组成，使需水量减少，压缩农业需水满足工业和生活需水。因此，农业灌溉需水的保证率低于生活和工业需水的保证率。但菜田需水要求较高的供水保证率，与工业和生活需水一样得到保证。

农田灌溉需水包括水浇地和水田，灌溉需水预测采用灌溉定额预测方法，灌溉定额预测要考虑灌溉保证率水平。

一、农作物的需水量

一般是指农作物在田间生长期间植株蒸发量和棵间蒸发量之和（又称腾发量）。对水稻田来说，也有将稻田渗水量算在作物需水量之内，这点在引用灌溉试验资料进行计算时要特别注意。我国一些农作物需水量一般是通过灌溉试验确定，用产量法、蒸发系数法、积温法等分析估算，可由当地灌溉试验资料提供，在当地缺乏资料时，可应用邻近相似区域灌溉试验资料。

二、灌溉制度

指在一定的自然气候和农业栽培技术条件下，使农作物获高产稳产对农田进行适时适量灌水的一种制度，它包括灌水定额（平方米/亩次）、灌水时间（日/月）、灌水次数（次）、灌溉定额（平方米/亩）等。灌溉定额为各次灌水定额之和。灌水方式分地面灌溉、地下灌溉和地上灌溉等。对不同灌溉方式，同一作物其灌溉制度是不同的。

影响灌溉制度的因素很多，主要有：气候、土壤、水文地质、作物品种、耕作方式、灌排水平以及工程配套程度等。一般灌溉制度的拟订要通过灌区调查，总结相邻省区丰产的经验，综合分析制定。但是，实际年份的灌水情况受当地气候条件影响较大，其中受作物生长期的降雨及其分布影响最大。

三、关于经济灌溉定额和现状计算灌溉面积

在区域水资源供需分析计算中，灌溉定额和计算灌溉面积的取值大小对供需平衡起着决定性的作用。特别是北方干旱缺水地区，这种影响更大。以海河流域部分测站统计情况为例，P=75%年水量约为P=50%的59%，P=95%年水量约为P=50%的33%，倘若在水资源供需分析中，不同保证率情况仍按丰产灌溉定额和同样的灌溉面积计算农业需水的话，则缺少程度将很大。事实上，从海河水量调节性能受限制和枯水年水量减少来分析，枯水年灌溉需水也必定要遭到破坏。这样就涉及在不同保证率情况下，究竟按什么样的灌溉定额和灌溉面积来计算农业灌溉需水的问题。

目前众家比较一致的意见是：

（1）在干旱缺水的北方地区，部分农田计算农业需水，要考虑用经济灌溉定额，或日节水定额，以此来衡量地区的水资源平衡问题。经济灌溉定额的解释是单位水量的增产量最大时的灌溉需水量，水电部新乡灌溉研究所曾在"六五"攻关"华北水资源合理利用"研究课题中，对华北地区的灌溉定额做了深入研究，提出平水年在华北地区经济需水定额冬小麦为 160~200 立方米 / 亩，夏玉米为 40~75 立方米 / 亩，棉花为 80~140 立方米 / 亩。

（2）用核实的灌溉面积作为现状计算面积。从各地反映出来的情况看，灌溉面积数字存在如下几个问题：①各部门的统计数字是不同的；水利部门的、农业部门的、国家统计局的统计数字不尽一致；②统计数字和实际调查数字有差距，一些地方通过土地利用调查，发现统计数字比实际数字少很多；③即便是统计数字，也有有效灌溉面积、实际灌溉面积、旱涝保收面积几类数字之分。因此，灌溉面积的计算取值是一个非常复杂的问题，一般要通过具体对比分析，并根据一些实地调研，才好选用。

南方地区虽然水资源相对充足，但灌溉供水需要资金投入，且在局部地区灌溉供水的水源也受城市和工业的挤占，因而其灌溉需水增长受到抑制。

第七节　生态需水

我国地域辽阔，区域差异大，复杂的自然地理和气候条件，形成了显著的区域生态特征。内流河流域降水集中在山区，广阔的平原降水稀少，人类活动集中在狭小的绿洲，有限的河川径流支撑着绿洲的生存与发展。外流河流域又因为降水量分布的不同与水土组合的差异，导致北方缺水、南方水土流失严重。地区经济发展的不平衡性，以及人口压力，使人水矛盾突出，工农业之间以及国民经济与生态环境之间用水竞争激烈，生态环境用水难以保证。黄河、海河、淮河以及辽河等北方流域，国民经济和社会生活耗水量占水资源总量的50%以上，长期挤占生态用水，出现地表水体严重萎缩、地下水超采、海水倒灌、河口淤积等一系列生态问题。长江、珠江等南方大江河，近些年经常出现枯水季节水质下降、海水倒灌、水生态环境恶化，导致全流域性供水紧张。

我国对水资源及生态问题非常重视。多年来始终将水问题作为资源环境领域的主要内容，研究成果经历了水资源评价、"四水"转化、考虑宏观经济的水资源优化配置、考虑生态与经济结合的水资源合理配置，清楚反映了我国水资源学科的进步。在水资源统一管理和高效利用上，将水与生态结合起来的研究正受到空前关注。由水资源开发利用引发的生态问题受到重视，将水与生态结合起来研究是发展的必然趋势。

对内流河地区的生态耗水机理、生态需水、经济用水与生态用水的竞争机制和配置方案，进行了系统研究，提出了最小生态需水量，对西北干旱地区的生态需水开展了研究，并提出了相应的生态保护准则和生态需水计算模型，在干旱区生态需水理论与计算方法方面进行了创新性研究。位于淮河、黄河和海河流域的我国华北平原地区，由于水资源量有限，人口密集，水资源开发利用率高，面临着更为严峻的生态问题。

其表现在河流径流减少，河道断流，水生态系统受到严重破坏；河流流量减少，排污量增加，河流污染严重；地下水超采严重，造成环境地质问题；湿地萎缩，湿地生态遭到破坏；入海水量减少，海水入侵，河口生态系统退化等。尤其是影响全局的北方半湿润半干旱区，针对水资源开发利用造成的生态需水问题，需要进行系统深入的研究。

相比之下，国外对河道生态用水问题关心较早。20世纪40年代，随着水库的建设和水资源开发利用程度的提高，美国的资源管理部门开始注意和关心渔场的减少问题。60年代初期，工业化国家开始出现水资源对国民经济的制约作用，这种影响在枯水期尤为显著：由于径流迅速减小，对水力发电、航运、供水的限制越来越大，常常造成巨大经济损失，更造成生态恶化。于是各工业化国家对枯水期径流开展了大规模研究。

同时，生态学家也开始大规模介入对自然水体中河流的生态学研究。20世纪70年代以来，法国、澳大利亚、南非等国都开展了许多关于鱼类生长繁殖与河流流量关系等方面的研究，从而提出了河流生态流量的概念，并产生了许多计算和评价方法。20世纪90年代以前河流流量的研究主要集中在所关心的鱼类、无脊椎动物等对流量的需求。

自20世纪90年代以来，不仅研究维持河道的流量，还考虑了河流流量在纵向上、横向上的连接。从总体上讲，考虑了河流生态系统的完整性，考虑了生态系统可以接受的流量变化。对生态需水的深层次研究需要水文水资源的介入和多学科融合，首先是水文学家和生物学家的结合。

由于中国的自然条件复杂、人口众多造成的生态用水问题极为复杂。国外的生态用水问题，从深度和广度上都远不及我国严重。由于生态问题本质的不同，国外的研究方式不能直接移用于中国，但有许多经验可供借鉴。同时应该指出的是，国内外的研究迄今还没有很好地解决临界问题。因此，研究生态系统某种临界状态下的水分条件，以此作为生态用水衡量标准，既是该领域理论和技术上的探索，也是生产实践中急需解决的问题。这对于我国这样的水资源严重短缺的国家来说，特别是北方半湿润半干旱区的河流用水尤为必要。

一、基本概念与内涵

综合各种研究的观点，生态需水量研究基本上可以认为是针对具体的生态系统，在保持目标要求的生态系统功能的前提下，以地带性理论、水文循环、水量平衡、水力学理论、遥感等高新技术为基础所计算出来的，在一定范围内存在和变化的，构成生态系统的各项需水量的广义和。由于在很多方面没有达成共识，一般的各种概念和含义如下所述。

（1）需水是生态系统固有的属性，是一种状态的表征，而用水是生态系统变化过程的反应，这一过程是受需水规律支配的。生态需水研究是为生态用水提供安全阈值或者是控制性指标。生态需水研究属于基础层次的规律研究，生态用水是属于实践操作层次的过程控制。

（2）生态和环境在实际中不可截然分割，但从基础性研究的角度出发，认为环境是依附于所研究的生态系统主体的，在对水体生态需水研究规律的基础上，对特定的环境需水进行叠加或耦合分析，即为生态环境需水。

（3）几种概念的内涵和规定。

①生态需水：维持不同水体生态系统状态下对应的需水特征值。主要研究维持水体自身生存以及生物完整性和稳定性的状态，相应的需水特征值称为最小生态需水和适宜生态需水。

②环境需水：对依附于水体生态系统的环境相应的需水。

③生态环境需水：在水体生态系统本身生态需水的基础上，满足对环境具有不同功能要求的需水。

④生态用水：依据当前生态系统所处的状态所对应的需水值，为维持现状或者在不同状态之间转化系统所消耗的水量，这种过程可以人为控制。

⑤环境用水：为了维持现有环境功能或者提高环境质量，主要针对水环境质量所耗用的水。

⑥生态环境用水：在对水体生态系统需水特征值和不同环境功能需水值进行组合或者耦合分析的基础上，两者共同耗用的水。

（4）生态需水研究限于河流时，将生态需水称为河流生态流量。生态需水特征值最终可以作为生态用水的控制性指标。

河流生态需水或生态流量的研究是一个复杂的问题，它与很多因素有关，要给出一个确切的定义是比较困难的，但其包含的本质内容应是相同的。

水资源是河流生态系统中有机的、不可替代的核心资源，是现有河流生态系统得以良性循环发展、使面临破坏的生态环境加以恢复的直接载体或因子。鉴于目前对河流生态流量在定义、影响因素、计算方法等方面还没有达成共识的情况下，对两级生态流量进行讨论和分析研究，揭示河流形态特性、完整性和稳定性与生态流量的内在联系，以期能更有效地实现水资源的生态服务功能。

定义生态需水量或生态流量应该包含以下内涵。

（1）时空变化性。对不同的时间尺度，在年内和不同年际之间，不同的生态系统分区如干旱区、湿地、湖泊、林地和绿洲等生态系统，生态需水量是不同的。对河流生态流量而言，不同时期、不同断面的生态流量是有差异的。

（2）目标层次性。生态流量为实现不同生态功能目标，具有最小和适宜生态流量两个层次，适宜生态流量包容了最小生态流量，两者属于递进关系，所针对的目标不同，最小生态流量是基于河流生存目标的，适宜生态流量是基于河流生物完整性和稳定性目标的。

（3）相对性。河道最小和适宜生态流量是两个不同的子集合，在不同的径流条件下可以发生相互转化，具有一定的过渡性和相对性。允许在一定的条件下处于边界状态，只要在其允许的恢复范围内就可以。

（4）不确定性。生态需水量或生态流量受自然和人类活动双重影响，是一个逐渐积累变化的过程，有其自身的趋势和一定的波动性，因而，有一定的变动范围，具有统计的平均意义。

二、河流生态需水

（一）形态学观点

在计算河道生态流量的方法中，有许多都直接或间接属于形态学观点的范畴。基于河道水力参数来确定河道生态流量的计算方法，都在某种程度上考虑了河道的特性，即水力学方法。其中，以湿周法、R2CROSS法最具有代表性。主要适用于：①小型河流或者是流量很小且相对稳定的河流；②泥沙含量少、水环境污染不明显的河流；③推荐的流量是主要为了满足某些大型无脊椎动物以及特殊物种保护的要求。

河道湿周法计算河道生态流量由尼尔森等人提出，美国地质勘测局报告伊普斯威奇河流水生栖息地评价、罗得岛州尤斯科鄱女王河湿周法的应用、缅因州环境保护局修正的湿周法对河流无脊椎大型动物进行保护等研究，均运用了这一方法。

湿周法是根据河道的水力特性参数，如湿周、水力半径、平均水深等，由实测的河道断面湿周与断面流量之间的对应关系，绘制流量–湿周关系图，由图中找出突变点或影响点，与该点对应的流量值即为河道流量推荐值。

湿周法简单易行，它是基于满足临界区域水生物栖息地的湿周，同时自然满足非临界区域栖息地的湿周条件的水力学方法。如果只考虑河道基流，则只需进行低水测验或者现场收集河道相关资料即可，如果有计算机辅助，则可实现自动化。对于不同的断面形态，对应的突变点各不相同，湿周利用率的差异较大，依据突变点确定的流量有时会偏大，有研究以河流为例进行验证，发现平均流量的10%相当于最大湿周的50%，平均流量的30%接近于最大湿周。

从关系图中直接判断突变点有时比较困难，甚至无法判断，尤其对于山区河流，变化点多数不明显，需要借助数学方法来加以判别。通常，该法较适用于平原地区河道。同时，湿周法存在的不足有：要求河床形状稳定；没有考虑年际年内流量变化；不能给出流量变化范围。

目标是要保护临界的河流栖息地，将保护类型转化为等同的水利参数，包括河流顶宽、平均水深、平均流速等，且平均流速采用常数来确定河道生态流量。该法在实质上将水生栖息地或特定的水生生物与河道流量建立经验关系，也没有完全从河道形态特性来考虑生态流量。同时，在确定河道生态流量推荐值时，总是结合水生生物目标保护的约束要求。

(二) 统计学观点

统计学观点是国外在对多条河流进行研究后，提出的以天然流量百分比或者在某一保证率下的流量作为河道生态流量的推荐值。该观点中最具有代表性的方法为 Tennant，Tennant 在对美国 11 条河流的断面数据进行分析后，依据流量对应的流速、水深等增幅大小，认为年均流量的 10% 是河流生境得以维持的最小流量，并以预先确定的年平均流量百分比将河流生境划分为不同的等级。该观点的局限性：①水文规律本身的不确定性，在时空尺度上没有充分考虑河道流量的动态变化性；②没有从流域特性及成因规律分析流量的特点，在机理上没有形态学观点具有说服力，特别是没有考虑河流形态对流量的影响。

改进的 7Q10 法也属于该类观点。一般采用河流近 10 年最枯月平均流量或 90% 保证率最枯月平均流量作为河道推荐的生态流量，以适应国内河流对生态流量的要求，主要是用来计算河流纳污容量的。由于我国水生态问题的区域特性极为明显，流域生态问题差异较大，导致这种差异的根源是水文循环中降雨大径流条件的不同及土地资源的利用程度，即水土资源的不同组合产生了不同类型的流域生态问题，这一标准自然不能适用于确定各个流域的河流生态流量。

统计学观点的最终取向是要形成一定的经验模式，一般情况下，统计特性不能像形态学观点那样从成因或机理上对选定的标准进行合理解释，但能表明部分或某种趋势。属于统计学观点的方法还有 Texas 法、NGPRP 法、基本流量法（BasieFlow）等。

基于水文学的方法大都具有统计性质，多属于此类。

(三) 特定环境功能观点

美国早期对生态流量的研究，主要是为满足河流系统的单项服务功能(如通航、河道基流)而进行的水量方面的研究。对水质等问题是在水污染问题加剧后，开始进行河流水环境容量的研究，主要是从水质及其他河流服务功能方面来考虑河道流量。为保持河流一定的水环境容量，根据水质保护标准和特定的环境要求，进行水量或流量的推求。主要局限于：

(1)针对具体的河流，在一定的时期，根据环境所要求的目标，推算相应的流量。

(2)河流各项需水要求之间的消长或者影响情况，即环境功能的相容性、重叠性考虑不多。

(3)由于环境目标的净水性等级不同，计算结果有时会产生量级上的差异。

由于河流水环境污染加剧和多种服务功能的丧失，对河流自净能力的研究不断深入期间，河流生态流量、河道枯水流量、河流生态需水量、景观河流流量、环境用水量等概念相继提出。主要研究内容是将河流生态系统的有机组成部分和功能进行划分：如河道基流需水、通航需水、冲沙需水、景观娱乐需水等，对不同的环境要求和生态服务功能，分别计算所要求的水量，根据计算结果取最大值，以满足各种功能的要求。

环境问题是与特定的河流主体相结合的，离开主体的环境是不存在的，因而，该类观点不具有普遍性，只是针对具体的河流，在一定的时期，根据环境所要求的目标，推算相应的流量。同时，河流单项或多项之间对需水的消长，以及重叠性需水等对生态需水量或生态流量的影响情况没有加以考虑。

在该类观点中，也有从水盐平衡、水沙平衡的角度出发，针对各自流域的水生态主要问题，如西北干旱内陆流域的水盐运移问题、北方河流的高泥沙特点、南方河流的水环境有机污染特点，提出了基于各种理论或经验的河流生态流量的计算方法。总体上说，特定环境功能观点也没有从成因上分析河流生态流量，特别对河道最小生态流量没有进行深入研究，也没有从河流形态角度加以考虑。

(四) 生物学观点

生物学观点是从水域生态系统要保护的水生生物出发，通常的研究对象是鱼类，建立河道流量与生物量或种群变化关系，在湿地方面主要是建立水量与高等大型植物的关系。在生态需水的研究过程中，对特定生物的保护目标或多或少地贯穿在其中。

以生物学观点进行生态需水量的研究，考虑生物的完整性，最具有代表性的是美国中西部评价鱼群落的方法，即生物完整性指数法。该方法主要依据所要保护的敏感高级指示物种 (一般为鱼类) 对水域生态指标的需求与当前生态系统的状况进行比较，对现状做判断，然后给出提高多样性和稳定性发展的策略要求。

生境模拟法是现状生物学观点中的主要方法，将生物资料与河流流量研究相结合，以生物为主要因子，考虑生境对河流流量的季节性变化要求。其主要局限性有：①生境质量并不能真正代表生物本身的状态，指标标准经验因素过多；②对生物完整性考虑不够，侧重于某些特定河流生物物种的保护上，没有将整个生态系统作为整体模拟；③在应用时要进行一定的假设，如对生物数量和分布的影响只限制于水深、流速等；④生物群落结构之间的生境或者生态与水量关系处理不多，且对河岸植被生态需水尚无法应用。

在生物完整性中，由于生物群落结构的各组成部分对水域生态所要求的生境不同，对一种或几种生物，特别是高等生物 (如鱼类) 满足的生境，并不一定能满足其他生物对这种生境的要求，没有系统地、动态地考虑生物完整性的要求。

利用该观点进行生态需水研究，主要是借助于水文学或水力学等方法，用生境质量指标的变化来代替生物种群的变化，因而，在本质上，生物学观点是水文学、水力学等方法的拓展或者是外延。

生物完整性是生态系统研究的核心基础，是衡量生物多样性和完整性的前提条件。因而，在研究水域生态系统的适宜生态需水时，必须要考虑生物完整性与流量或者水量的关系，这部分内容是生物学观点必须要解决的问题，也是发展的必然趋势。目前，国际上对这一领域的研究工作刚刚起步。

（五）其他观点

在其他观点中，主要是将生境保护目标与水文学或水力学基础相结合，或者将专家经验融入对生境要求的判断之中，主要是出于对流域规划和管理目的进行的。在形式上采用模拟或回归的手段，建立流量与生物保护目标之间的关系，属于上述观点的交叉。主要有水文－生物分析法、模拟法、整体法等。

以上各种观点所采用的方法中，有相互交叉或重叠的部分，如 Tennant，既涉及了部分形态学的观点，又表现了水文统计的特性。

国外对河流生态流量的研究内容可概括为：以河道生态环境或水生生物为保护目标，结合统计学、形态学、特定环境功能等观点，展开与影响河流生态系统因子（水力参数、水生生物、水文要素等）的各项研究。

三、河道最小生态流量研究

（一）最小生态流量的计算步骤

计算的主要资料来源于流域水文年鉴，计算步骤是：①从水文控制站历年实测断面成果表中获取河道断面资料，对各断面进行资料可靠性、稳定性及相应归类分析，选择河流变化相对稳定的时期；②对选定的各控制断面计算水力断面特性，包括水面宽、水位、平均水深和流速等，并进行无量纲处理，建立水力特性参数计算表；③绘制断面计算期水面宽—水位百分比关系图、流量—水位关系曲线，以其他水力参数与流量的关系曲线为检验的参照；④确定水面宽—水位百分比关系图中的临界点以及对应水位、水面宽和其他水力参数，从水位—流量关系图中查出对应的流量，作为最小生态流量的初步结果；⑤进行合理性和一致性分析，利用其他水力参数进行多指标检验，最终确定各控制断面最小生态流量的范围或平均值。

（二）临界点的成因分析

河道断面形态中出现明显的转折点或临界点有以下几方面原因：①受地壳大地构造运动的影响，上升带与下降带交替而形成纵剖面上的不连续转折点，这种转折点的形成一般需要很长的地质年代。在研究形态时，需要加以识别。②河流流经河床基质及河岸岩性不同的地区时，由于对断面不同部位水力作用的强弱不同，使断面形成不同的坡降，表现为纵剖面中出现明显的转折点。③流域洪水对河道局部断面的冲刷和侵蚀作用。这种作用由于受气候、地质地貌、边坡土壤特性等众多因素的影响，随机性较为明显。④作为河流的暂时侵蚀基准面，受水利工程对河道水流的调控作用，如水库蓄水、回水顶托等也会形成较明显的转折点。⑤人工干预作用形成的转折点。由于防洪安全、农业灌溉的需要，通常在河道两岸进行护坡治理，出于施工或河道稳定的需要造成纵剖面出现转折点。

上述几种转折点中，除人工河道整治和地质构造运动作用出现的转折点外，其他都与水动力条件有关。在天然状态下，与河道断面最小生态流量对应的突变点主要是经常性的水流作用造成的，即主要是②类型的转折点。洪水冲刷和暂时侵蚀在一定时期可能会加速转折点的形成，或者使已有的转折点位置发生改变，需要结合流域水文条件、河道断面基质组成合理的判断。

河道生态环境需水量主要包括河道最小生态需水量、河道渗流需水量、河道蒸发需水量、河道自净需水量以及河道输沙需水量五项。在这五项需水量中，河道自净需水量在年内分布比较均匀，河道渗流需水量年内分布变化不大，而河道输沙需水量主要集中在汛期，同时，河道最小生态需水量和河道蒸发需水量也是汛期大于非汛期。另外，在这五项需水中，只有河道蒸发需水量和河道渗流需水量在河道水量中参与水量转换而消耗掉，对河道中其他生态环境功能的作用小，可以忽略不计，而其余三项均在河道中，从"一水多能"的特性来看，自净水量在净化污染物的同时也能挟带泥沙，输沙水量也具有净化污染物的作用，同样，河道最小生态需水量在对水生生态功能维护的同时也能净化污染物和挟带泥沙，反之亦然。

四、湖泊生态环境需水量

根据人为活动对湖泊的干扰程度不同，湖泊可分为自然湖泊和人工湖泊两类，其中人工湖泊又包括水库和城市人工湖。

湖泊生态需水量是指为保证特定发展阶段的湖泊生态系统结构与功能并保护生物多样性所需要的一定质量的水量，它具有明显的时空性、复杂性和综合性，主要包括湖泊生物需水量、湖泊蒸散发需水量和水生生物栖息地需水量。湖泊环境需水量是以生态环境现状为出发点，为保证湖泊发挥正常的环境功能，维护生态环境不再恶化并逐步改善所需要的一定质量的水量，包括污染物稀释需水量、防止湖水盐化需水量、航运需水量以及景观建设和保护需水量。

由于不同类型的湖泊其生态环境、社会和经济特性的差异较大，湖泊最小生态环境需水量的计算方法也有所不同，主要有水量平衡法、换水周期法、最小水位法和功能法。不同计算方法所基于的理论基础和侧重点也不同：水量平衡法是根据湖泊水平衡理论；换水周期法是根据湖泊的自然换水周期理论；最小水位法是以湖泊水位年变化和季节变化为理论基础；功能法是从维持和恢复湖泊生态环境功能的角度出发，遵循生态优先、兼容性、最大值和等级制原则，系统全面地计算湖泊生态环境需水量。因此，应根据研究区域和对象的不同而选择不同的计算方法，湖泊水量平衡法和换水周期法遵循自然湖泊水量动态平衡的基本原理和出入湖水量交换的基本规律，适用于人为干扰较小的闭流湖、水量充沛的吞吐湖和城市人工湖泊；对于急需保护和濒临干枯的湖泊，特别是干旱、缺水区域或人为干扰严重的湖泊，比较适合用最小水位法来计算湖泊最小生态环境需水量；功能法是在全面评价湖泊生态健康的基础上，对湖泊生态环境现状和发展趋势进行分析，适用于特定区域湖泊生态系统恢复与重建和流域水资源管理。以功能法进行湖泊生态环境需水量计算所包括的主要内容如下：

（1）湖泊蒸散需水量。以挺水植物和浮水植物为优势种的湖泊，湖泊蒸散需水量是湖泊水生高等植物蒸散需水量与水面蒸发需水量之和。水生植物不发达的藻型湖泊，湖泊蒸散需水量则仅为水面蒸发需水量。

（2）湖泊渗漏需水量。假定地表水与地下水保持平衡状态，且在不考虑地下水过度开采形成地下漏斗的情况下，湖泊渗漏需水量就是研究区的渗漏系数与湖泊面积的乘积。

（3）水生生物栖息地需水量。根据生产者、消费者和分解者的优势种生态习性和种群数量，确定水生生物生长、发育和繁殖的需水量。

（4）环境稀释需水量。根据湖泊水质模型，湖泊水质与湖泊蓄水量、出湖流量和污染物排入量有关。湖泊水体环境容量是湖泊水体的稀释容量、自净容量和迁移容量之和。

（5）湖泊防盐化需水量。根据湖泊盐化程度确定盐化指标和数量范围，与湖泊盐化的面积、水深的乘积即为湖泊防盐化需水量。

（6）能源生产需水量。根据湖泊发电量和能源生产的规模，计算湖泊能源生产需水量。

（7）航运需水量。根据湖泊航运的线路、时间长短和航运量，确定相关定量指标，计算航运需水量。

（8）景观保护与建设需水量。根据研究区生态环境特点，确定植被类型、缓冲带面积和景观保护与规划目标等相关指标计算此项需水量。

（9）娱乐需水量，根据研究区旅游人数、娱乐项目和附属设施，确定相关指标，计算娱乐需水量。

由于水资源的特殊性，上述各项需水量中部分类型具有兼容性，在计算时应认真区分，对于具有兼容性的各项需水量的计算，以最大值为最终的需水量，避免重复计算，而对于其他非兼容性的消耗型需水量则直接进行相加求和。

五、林地生态环境需水量

国内外的研究一致表明，退化生态系统恢复与重建的关键在于恢复植被。因为植被是组成生态系统生物部分中最基本的成分，要维持良好的生态环境，必须保护和建设植物群落，而其正常生长和更新就必然消耗一定的水量，这正是植被生态需水的基础。目前我国对于植被生态需水的研究已有一定进展，但主要集中在水资源缺乏的干旱和半干旱地区。

林木需水量系指林木在适宜的土壤水分和肥力条件下，其正常生长发育过程中林木枝、叶面的蒸腾和其林地地面土壤蒸发的水量总和，也称为生理需水量或生态需水量，即林地的蒸散量。但对于干旱、半干旱的生态脆弱地区来说，森林植被需水量是维护林地生态系统不再进一步恶化并逐步改善所需要消耗的水。目前，林木生态需水量计算应用比较广泛的是根据林地生态系统的主要水分支出项——蒸散耗水量，同时根据不同区域林地气候条件、土壤因子的差异，并考虑林木种类的差异，来计算不同区域林地生态需水额度。林地生态需水量包括林地蒸散量和林地土壤含水量两种形式，通过对林地土壤最小含水定额和最小蒸散定额的理论探讨，按区域生态环境保护目标要求，对林地合理面积进行规划，在 GIS 技术的支持下计算黄淮海地区的林地最小生态需水量。

因此，林地生态需水量是指维持林地生态系统自身发展过程和维护生物多样性所需要消耗和占用的水资源量。林地环境需水量是指林地生态系统为保持水土、涵养水源、维持土壤水盐平衡以及保护和改善环境、发挥应有环境功能所需要的水资源量。

参考文献

[1] 王瑞芳 . 中国水利工程建设研究 [M]. 武汉：华中科技大学出版社，2019.

[2] 贾志胜，姚洪林 . 水利工程建设项目管理 [M]. 长春：吉林科学技术出版社，2020.

[3] 贺志贞，黄建明 . 水利工程建设与项目管理新探 [M]. 长春：吉林科学技术出版社，2021.

[4] 沈英朋，杨喜顺，孙燕飞 . 水文与水利水电工程的规划研究 [M]. 长春：吉林科学技术出版社，2022.

[5] 丁亮，谢琳琳，卢超 . 水利工程建设与施工技术 [M]. 长春：吉林科学技术出版社，2022.

[6] 廖昌果 . 水利工程建设与施工优化 [M]. 长春：吉林科学技术出版社，2021.

[7] 宋秋英，李永敏，胡玉海 . 水文与水利工程规划建设及运行管理研究 [M]. 长春：吉林科学技术出版社，2021.

[8] 贾艳辉 . 水资源优化配置耦合模型及应用 [M]. 郑州：黄河水利出版社，2021.

[9] 王好芳，赵然杭，马吉刚，等 . 胶东调水工程水资源优化调度关键技术研究 [M]. 郑州：黄河水利出版社，2021.

[10] 齐学斌，黄仲冬，李平，等 . 引黄灌区水资源优化配置与调控技术 [M]. 郑州：黄河水利出版社，2020.

[11] 刘凤睿 . 水文统计学与水资源系统优化方法 [M]. 天津：天津科学技术出版社，2021.

[12] 冯耀龙 . 水资源优化调度典型案例研究 [M]. 武汉：华中师范大学出版社，2020.

[13] 李秀丽.基于 ET 管理的水权分配与水资源优化配置研究 [M].北京：中国水利水电出版社，2019.

[14] 张衍福.基于水网水资源调度的地下水保护研究 [M].郑州：黄河水利出版社，2022.

[15] 王婷.区域水资源多目标均衡调度研究与应用 [M].北京：中国水利水电出版社，2020.

[16] 李瑛.引汉济渭跨流域复杂水库群联合调配研究 [M].北京：中国水利水电出版社，2020.

[17] 李宏恩，何勇军，王志旺，等.长距离复杂调水工程长效安全运行保障技术 [M].南京：河海大学出版社，2021.

[18] 张长忠，邓会杰，李强.水利工程建设与水利工程管理研究 [M].长春：吉林科学技术出版社，2021.

[19] 谢文鹏，苗兴皓，姜旭民，等.水利工程施工新技术 [M].北京：中国建材工业出版社，2020.

[20] 刘景才，赵晓光，李璇.水资源开发与水利工程建设 [M].长春：吉林科学技术出版社，2019.

[21] 王建海，孟延奎，姬广旭.水利工程施工现场管理与 BIM 应用 [M].郑州：黄河水利出版社，2022.

[22] 魏永强.现代水利工程项目管理 [M].长春：吉林科学技术出版社，2021.

[23] 张秀菊.水资源规划管理 [M].南京：河海大学出版社，2019.

[24] 李骚，马耀辉，周海君.水文与水资源管理 [M].长春：吉林科学技术出版社，2020.

[25] 高娟，王化儒，向龙.生态文明与水资源管理实践 [M].上海：上海科学技术文献出版社，2021.